高等学校"十三五"规划教材

工程训练操作图册 与实习报告

韩运华　孙　东　主编

U0260860

化学工业出版社

·北京·

《工程训练操作图册与实习报告》是与工程训练配合使用的操作图册与实习报告，根据教育部机械基础课程教学指导分委员会金工课指组在2009年12月制定的《普通高等学校工程材料及机械制造基础系列课程教学基本要求》和《普通高校工程训练教学中心建设规范与验收标准》的精神编写而成。

　　《工程训练操作图册与实习报告》的主要内容包括实习概要、铸造、锻造、焊接、车削、铣削、刨削、磨削、钳工、数控车削、数控铣削与加工中心、CAXA制造工程师、数控线切割。

　　《工程训练操作图册与实习报告》适合作为高等工科学校本科机械类与非机械类专业的工程训练的实习教材，亦可作为高职及专科学校进行工程训练或金属工艺学教学的参考书。

图书在版编目（CIP）数据

工程训练操作图册与实习报告/韩运华，孙东主编.
北京：化学工业出版社，2017.9（2024.8重印）
高等学校"十三五"规划教材
ISBN 978-7-122-30077-5

Ⅰ.①工…　Ⅱ.①韩…②孙…　Ⅲ.①机械制造工艺
Ⅳ.①TH16

中国版本图书馆CIP数据核字（2017）第158241号

责任编辑：唐旭华　郝英华　　　　　　　　　装帧设计：韩　飞
责任校对：边　涛

出版发行：化学工业出版社（北京市东城区青年湖南街13号　邮政编码100011）
印　　装：北京机工印刷厂有限公司
787mm×1092mm　1/16　印张9¾　字数222千字　2024年8月北京第1版第8次印刷

购书咨询：010-64518888（传真：010-64519686）　　售后服务：010-64518899
网　　址：http://www.cip.com.cn
凡购买本书，如有缺损质量问题，本社销售中心负责调换。

定　　价：23.00元

前　言

　　本书根据教育部机械基础课程教学指导分委员会金工课指组在 2009 年 12 月制定的《普通高等学校工程材料及机械制造基础系列课程教学基本要求》和《普通高校工程训练教学中心建设规范与验收标准》的精神编写而成。书中积极贯彻工程实践教学新的课程教学目标：学习工艺知识，增强工程实践能力，提高综合素质，培养创新精神和创新能力。

　　工程训练是一门实践性很强的技术基础课，是机械类及近机械类学生学习工程材料、材料成型技术基础、机械制造技术基础等后续课程必不可少的先修课。本书兼顾机械类和非机械类各专业和不同层次学生的训练教学要求，加强基础、拓宽专业面，体现应用型特色。注重优化课程体系，探索教材新结构。教材内容丰富、叙述深入浅出、简明扼要。以突出教材内容深广度适中、够用的原则，注重协调课堂教学与实践教学的关系，加强与工程应用的结合，既加强基础理论的内容，又强调实践教学的基础作用，以满足现代社会对人才的需要。

　　本书由吉林化工学院韩运华，孙东主编，编写分工如下：第 1 章、第 3 章、第 4 章、第 9 章由徐玉东和霍莹编写；第 5 章、第 6 章由陈宏博编写；第 7 章由孙东编写；其他章由韩运华编写。本书在编写过程中得到了吉林化工学院陈庆教授和北华大学耿德旭教授、张志义教授的热情帮助，在此表示衷心的感谢。

　　本书可与高等工科院校本科机械类和非机械类专业的工程训练实习教材配合使用，也可作为高职及专科学校进行工程训练实习或金属工艺学教学的参考书。

　　由于编者水平有限，书中难免有不足之处，恳请读者批评指正。

编者

2017 年 5 月

目　录

第1章　实习概要

1.1　实习卡

姓名：　　　　　　班级：

学号：　　　　　　专业：

照片

实习时间	周	周	周	周
成绩考核	实习报告		教师签字：	
	技能操作		教师签字：	
	理论考试		教师签字：	
	总　　分		教师签字：	

续表

实习工种	铸 造				
实习时间	年 月 日 — 年 月 日				
出勤情况	迟到	早退	病假	事假	其他
考核成绩	报告	理论	实作	总 分	

指导教师： （签字）

实习工种	锻 造				
实习时间	年 月 日 — 年 月 日				
出勤情况	迟到	早退	病假	事假	其他
考核成绩	报告	理论	实作	总 分	

指导教师： （签字）

实习工种	焊 接				
实习时间	年 月 日 — 年 月 日				
出勤情况	迟到	早退	病假	事假	其他
考核成绩	报告	理论	实作	总 分	

指导教师： （签字）

实习工种	车 削				
实习时间	年 月 日 — 年 月 日				
出勤情况	迟到	早退	病假	事假	其他
考核成绩	报告	理论	实作	总 分	

指导教师： （签字）

实习工种	铣 削				
实习时间	年 月 日 — 年 月 日				
出勤情况	迟到	早退	病假	事假	其他
考核成绩	报告	理论	实作	总 分	
指导教师：	（签字）				
实习工种	刨 削				
实习时间	年 月 日 — 年 月 日				
出勤情况	迟到	早退	病假	事假	其他
考核成绩	报告	理论	实作	总 分	
指导教师：	（签字）				
实习工种	磨 削				
实习时间	年 月 日 — 年 月 日				
出勤情况	迟到	早退	病假	事假	其他
考核成绩	报告	理论	实作	总 分	
指导教师：	（签字）				
实习工种	钳 工				
实习时间	年 月 日 — 年 月 日				
出勤情况	迟到	早退	病假	事假	其他
考核成绩	报告	理论	实作	总 分	
指导教师：	（签字）				

实习工种	数 控 车 削				
实习时间	年 月 日 — 年 月 日				
出勤情况	迟到	早退	病假	事假	其他
考核成绩	报告	理论	实作	总 分	
指导教师：	（签字）				

实习工种	数控铣削与加工中心				
实习时间	年 月 日 — 年 月 日				
出勤情况	迟到	早退	病假	事假	其他
考核成绩	报告	理论	实作	总 分	
指导教师：	（签字）				

实习工种	CAXA 制造工程师				
实习时间	年 月 日 — 年 月 日				
出勤情况	迟到	早退	病假	事假	其他
考核成绩	报告	理论	实作	总 分	
指导教师：	（签字）				

实习工种	数控线切割				
实习时间	年 月 日 — 年 月 日				
出勤情况	迟到	早退	病假	事假	其他
考核成绩	报告	理论	实作	总 分	
指导教师：	（签字）				

1.2 课程的性质、任务与教学目标

1.2.1 机械类专业适用

（1）课程性质：机械制造实习是一门实践性很强的技术基础课，是机械类各专业学习机械制造的基本工艺和基本方法，完成工程基本训练，培养工程素质和创新精神的重要必修课。学生在学习机械制造实习课程时，必须进行独立操作，在保证贯彻教学基本要求的前提下，应尽可能结合培养创新思维和教学产品进行。

（2）课程任务：了解机械制造的一般工艺过程和基本知识。熟悉机械零件的常用加工方法、所用主要设备的工作原理和典型机构、工、夹、量具以及安全操作技术。初步建立现代制造工程的概念。对简单零件初步具有进行工艺分析和选择加工方法的能力。在主要工种上应具有独立完成简单零件加工的实践能力。

（3）课程教学目标：学习工艺知识，增强工程实践能力，提高综合素质（包括工程素养），培养创新精神和创新能力。初步建立起责任、安全、质量、环保、团队、成本、管理、市场、创新等工程意识。

1.2.2 非机械类专业适用

（1）课程性质：机械制造实习是一门实践性很强的技术基础课，是非机械类有关专业重要的实践教学环节之一，是实现理工与人文社会学科融通的有效途径。学生在学习本课程时，应安排独立操作，在保证教学基本要求的前提下，尽可能结合培养创新思维和教学产品进行。

（2）课程任务：了解机械制造的一般过程和基本知识。了解机械零件或制品的常用加工方法、特种加工方法和相关环境保护及安全技术。

（3）课程教学目标：学生通过实习获得机械制造的基本知识，初步建立机械制造生产过程的概念，培养工程素养。在安排一定技能操作的基础上增强工程实践能力。

1.2.3 在教学基本要求中有关认知层次提法的说明

（1）了解：指对知识有初步和一般的认识。
（2）熟悉：指对知识有较深入的认识，具有初步运用的能力。
（3）掌握：指对知识有具体和深入的认识，具有一定的分析和运用能力。

1.3 实习守则

学生在实习中必须遵守如下规则：
（1）学生要尊重指导教师，虚心向指导教师学习。听从指导教师的讲解、示范和指导，

不做小动作，努力提高自己的操作技能，提高自己的工程意识，丰富实践知识。

（2）实习时按规定穿戴好劳动防护用品，学生实习必须穿工作服，不准穿拖鞋、凉鞋、高跟鞋。女同学必须戴工作帽，不准穿裙子，男同学不准穿短裤、背心，要带好防护眼镜，违反规定者立即禁止实习。

（3）学生实习时，不得带与实习无关的书刊报纸、随身听等物品进实习车间，在实习岗位及实习车间不准打闹以免发生危险，如一经发现有打闹者，该学生实习工种技能成绩为不及格。

（4）严格遵守劳动纪律，不得无故缺席，遵守学生请假制度，做到不迟到，不早退，不串岗、有事必须先请假。

（5）严格遵守各工种安全技术操作规程，未经指导教师许可，不得擅自用各种设备、刀具、量具。听从指导教师指导，如发生异常情况，必须马上停止实习，立即向指导教师汇报。做到安全实习不出事故。

（6）实习时应做到专心听讲，仔细观察，做好笔记，认真操作，不怕苦、不怕累、不怕脏，细心操作。

（7）在操作前应了解本机床的性能和操作方法，实习时要按图纸要求和指导教师讲解的工艺方法进行加工，做到保证质量。

（8）爱护设备和工、夹、量具，使用量具、刀具要细心认真并保管好，实习期间严禁干私活，对损坏工具、量具、设备按情节轻重予以赔偿。

（9）使用砂轮机时，必须有指导教师在旁边指导。

（10）机床开动前，要把机床扳手和摇把放到指导教师指定之处。

（11）保持车间卫生。经常保持工位的整齐清洁，工具和工件应放在指定位置，做到文明实习。

1.4 学生实习成绩的考核办法

实习成绩以几个方面对学生进行考核：

（1）技能操作占总成绩的 50%。

（2）实习报告占总成绩的 20%（带 * 为机类题，非机类学生可不做）。

（3）理论考试占总成绩的 30%。

（4）以上成绩折算成 5 级分制，即 90 分以上为优，80～89 分为良好，70～79 分为中，60～69 分为及格，60 分以下为不及格。

（5）各工种成绩所占比例，机械类：车削占 20%，钳工占 15%，铸造、铣削、焊接、数控车削、数控铣削与加工中心各占 10%，数控线切割、CAXA 制造工程师各占 5%，磨削、刨削各占 2%，锻造占 1%。非机械类：车削占 20%，钳工占 15%，铸造、铣削、焊接、数控车削、数控铣削与加工中心各占 10%，数控线切割、磨削各占 5%，刨削、锻造各占 2.5%。

（6）学生因事、病假等原因成绩不及格，需在本学期内自行安排时间修完所学课程并达到及格以上标准；本学期内如单工种成绩不及格，须进行单工种重修。

（7）实习报告中的体会一文，学生要写，如不写，在实习报告成绩中扣 5 分。

1.5 学生实习期间的考勤办法

（1）作息时间：上午 8：00—11：30、下午 1：30—5：00。

（2）病假要有医院或学校卫生所的病假诊断书，门诊请假不得超过两小时，违反者按旷课处理。

（3）事假要有各学院主管部门开具证明，并由工程训练中心批准，必须事先办理请假手续，凡未经批准而随意不到者，一律按旷课处理。

（4）机械类旷课 8 小时，非机械类旷课 4 小时，成绩为不及格。

1.6 实习感想

通过工程训练实习你有哪些收获？喜欢在哪个工种实习？对工程训练实习有哪些希望和建议？

第2章 铸 造

2.1 铸造实习安全技术规则

（1）进入车间后，应时刻注意头上吊车，脚下工件与铸型，防止碰伤、撞伤及烧伤等事故。

（2）严禁在指导教师未允许的情况下，自行使用任何熔炼设备（包括电器及电源）。

（3）在浇注前必须请示指导教师，并由指导教师陪同浇注。

（4）造型操作前要注意工作场地，以及砂箱、工具等安放位置。

（5）搬动砂箱要轻拿、轻放，以防砸伤手脚或损坏砂箱。

（6）注意保管和摆放好自己的工具，防止被埋入砂中踩坏。

（7）起模针及气孔针应放于工具箱内，尖头向内。

（8）禁止用嘴吹分型面，使用皮老虎时，要注意旁人的眼睛。

（9）浇注时要戴好防护眼镜、安全帽，系好防护鞋盖，不参与浇注的同学应远离浇包，以防烫伤。

（10）观看熔炉及熔化过程，应站在一定安全距离外，避免由于铁水飞溅而烫伤。

（11）浇注前铁水包要烘干，扒渣棒一定要预热，铁水面上只能覆盖干的草灰。

（12）浇注铁水时，浇包内金属液不能太满，抬包要稳，严禁和他人谈话或并排行走，以免发生危险。

（13）浇注速度要适当，其他人不能站在铁水正面，并严禁在冒口顶部观察铁水。

（14）已浇注砂型，未经许可不得触动，以免损坏。在清理铸件时要注意其温度以防烫伤。

（15）不可用手、脚触及未冷却的铸件。

（16）不要对着人敲打浇冒口或凿毛刺。清理铸件时要注意周围环境，以免伤人。

（17）工作结束后，要认真清理工具和场地，砂箱要安放稳固，防止倒塌伤人毁物。

（18）如发生事故，要保护好现场，及时向指导教师汇报，分析原因，总结经验教训。

2.2　实习图纸与操作规范

2.2.1　整模造型

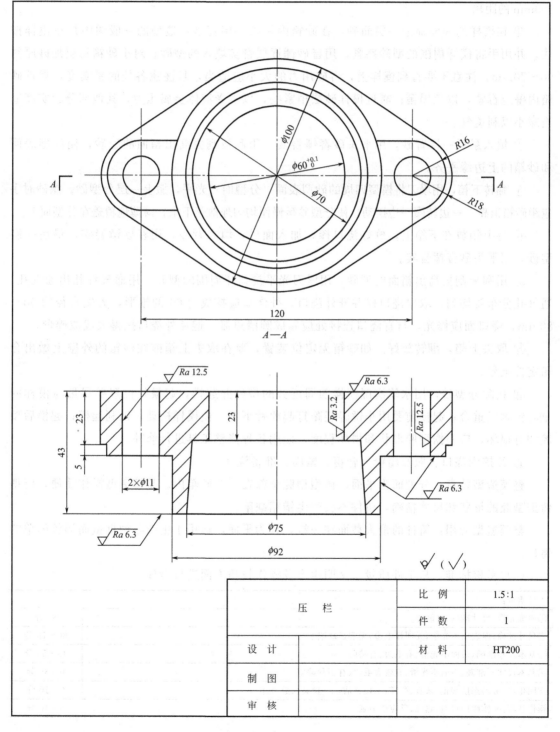

压　栏		比　例	1.5:1
		件　数	1
设　计		材　料	HT200
制　图			
审　核			

（1）实习教学要求：了解型砂、造型、合型、熔炼、浇注、落砂、清理及常见铸造缺陷，熟悉铸件分型面的选择，掌握整模造型方法、特点及操作技能。

整模造型方法：

① 放稳底板，清除板上的散砂，将模样放在底板上的适当位置，注意模样斜度方向。

② 放好下箱，并使模样型在箱内位置适当，一般模样与砂箱内壁及顶部之间须留有 30～100mm 的距离。

③ 在模样的表面筛上一层面砂，在砂箱内铲入一层背砂，造型的一般顺序是将模样按住，并用手将模样周围的型砂塞紧，用舂砂锤逐层舂实填入的型砂。对小砂箱每层加砂厚约50～70mm，注意不要舂到模样上，舂砂用力的大小应适当，且注意各处的紧实度，靠近砂箱内壁应舂紧，以免塌箱；靠近模样砂层稍紧些，以承受液体金属压力，其他部分紧实度适当减小以利透气。

④ 填入最后一层背砂，用平头砂舂锤舂实。用刮板刮去高出箱面的型砂，使砂型表面和砂箱的上边缘平齐。

⑤ 翻转下箱，用墁刀将模型四周的砂型表面（分型面）光平，撒上一层分型砂。撒砂时手应距砂箱稍高，一边转圈一边摆动，使分型砂缓慢而均匀地散落下来，薄薄地覆盖在分型面上。

⑥ 将上箱放在下箱上，放好浇口棒，加入面砂，填入背砂，用舂砂锤舂实，最后一层型砂，用平头砂舂锤舂实。

⑦ 用刮板刮去高出箱面的型砂，用墁刀光平浇口棒周围的型砂，用通气针扎出通气孔，通气孔分布要均匀。取出浇口棒并开外浇口。外浇口应挖成约 60°的锥形，大端直径约 60～80mm，浇口面应修光，与直浇口连接处应修成圆滑过渡，避免外浇口挖得太浅成碟形。

⑧ 取去上箱，翻转放好。如砂箱无定位装置，要在取去上箱前在砂箱的外壁上做出合箱定位记号。

⑨ 扫除分型砂，用水笔润湿模样四周近旁的型砂并起模，起模针位置要尽量与模样的重心铅垂线重合；起模前要用小锤轻轻敲打起模针下部，使模样松动，以利起模；起模后型腔如有损坏，应根据型腔形状和损坏程度，使用各种修整工具进行修补。

⑩ 开挖内浇口、撒石墨粉、合型、紧固、准备浇注。

整模造型特点：分型面为平面，铸型型腔全部在一个砂箱内。整模造型操作简便，所得铸型型腔的形状和尺寸精确，铸件不会产生错箱缺陷。

整模造型应用：铸件的最大截面在一端，且为平面，适用于生产各种批量而形状简单的铸件。

（2）考核标准：从工件质量、文明生产及操作技巧方面进行考核。

工件质量：	
①表面光滑、尺寸准确、无缺陷	80 分
②尺寸准确，但表面不光滑，无明显毛边，无明显缺陷	60～79 分
③基本尺寸准确，表面不光滑，有毛边，有缺陷	40～59 分
④基本尺寸不准确，表面不光滑，有较大毛边，有多种缺陷	0～39 分
文明生产：劳动态度端正、认真、严谨，工位整洁，工、量具取放有序	0～10 分
操作技巧：操作顺序得当、熟练，反应能力强	0～10 分

2.2.2　分模造型

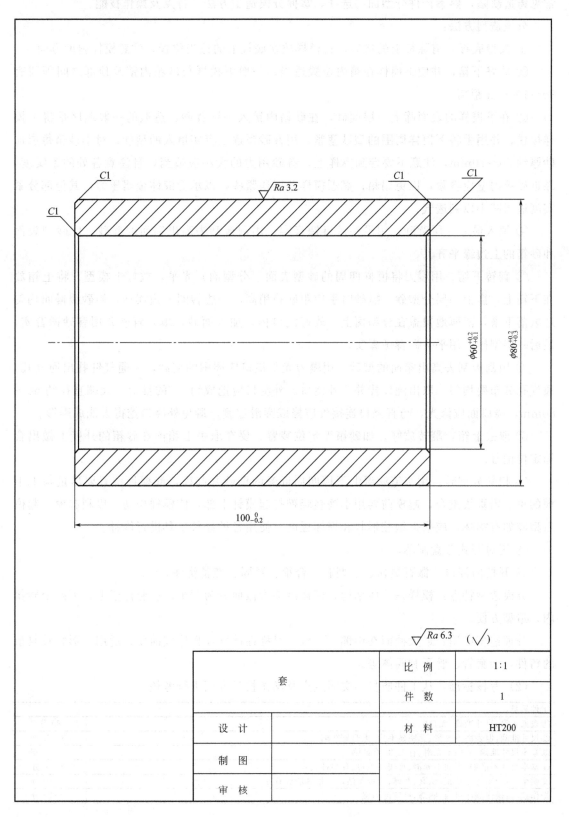

套		比　例	1:1
		件　数	1
设　计		材　料	HT200
制　图			
审　核			

（1）实习教学要求：了解型砂、芯砂、造型、造芯、合型、熔炼、浇注、落砂、清理及常见铸造缺陷，熟悉铸件分型面的选择，掌握分模造型方法、特点及操作技能。

分模造型方法：

① 放稳底板，清除板上的散砂，将模样放在底板上的适当位置，注意模样斜度方向。

② 放好下箱，并使下模样在箱内位置适当，一般下模样与砂箱内壁及顶部之间须留有30～100mm 距离。

③ 在下模样的表面筛上一层面砂，在砂箱内铲入一层背砂，造型的一般顺序是将下模样按住，并用手将下模样周围的型砂塞紧。用舂砂锤逐层舂实填入的型砂，对小砂箱每层加砂厚约50～70mm，注意不要舂到模样上，舂砂用力的大小应适当，且注意各处的紧实度，靠近砂箱内壁应舂紧，以免塌箱；靠近模样砂层稍紧些，以承受液体金属压力，其他部分紧实度适当减小以利透气。

④ 填入最后一层背砂，用平头砂舂锤舂实。用刮板刮去高出箱面的型砂，使砂型表面和砂箱的上边缘平齐。

⑤ 翻转下箱，用墁刀将模样四周的砂型表面（分型面）光平，放好上模型。将上箱放在下箱上，撒上一层分型砂。撒砂时手应距砂箱稍高，一边转圈一边摆动，使砂缓慢而均匀地散落下来，薄薄地覆盖在分型面上，放好浇口棒，加入面砂，填入背砂并用舂砂锤舂实，最后一层型砂，用平头砂舂锤舂实。

⑥ 用刮板刮去高出箱面的型砂，用墁刀光平浇口棒周围的型砂，用通气针扎出通气孔，通气孔分布要均匀。取出浇口棒并开外浇口。外浇口应挖成约60°的锥形，大端直径约60～80mm，浇口面应修光，与直浇口连接处应修成圆滑过渡，避免外浇口挖得太浅成碟形。

⑦ 取去上箱，翻转放好。如砂箱无定位装置，要在取去上箱前在砂箱的外壁上做出合箱定位记号。

⑧ 扫除分型砂，用水笔润湿上下模四周近旁的型砂并起模，起模针位置要尽量与上下模的重心铅垂线重合，起模前要用小锤轻轻敲打起模针下部，使模样松动，以利起模；起模后型腔如有损坏，应根据型腔形状和损坏程度，使用各种修整工具进行修补。

⑨ 用对开式芯盒制芯。

⑩ 开挖内浇口、撒石墨粉、下型芯、合箱、紧固、准备浇注。

分模造型特点：模样是分体结构，模样沿最大截面分为两半，型腔位于上、下两个砂箱内，造型方便。

分模造型应用：最大截面在中部，一般为对称性铸件，操作较简便，适用于形状较复杂的铸件，如套管、管子和阀体等。

（2）考核标准：从工件质量、文明生产及操作技巧方面进行考核。

工件质量：	
①表面光滑、尺寸准确、无缺陷	80 分
②尺寸准确,但表面不光滑,无明显毛边,无明显缺陷	60～79 分
③基本尺寸准确,表面不光滑,有毛边,有缺陷	40～59 分
④基本尺寸不准确、表面不光滑,有较大毛边,有多种缺陷	0～39 分
文明生产:劳动态度端正、认真、严谨,工位整洁,工、量具取放有序	0～10 分
操作技巧:操作顺序得当、熟练,反应能力强	0～10 分

2.2.3 活块造型

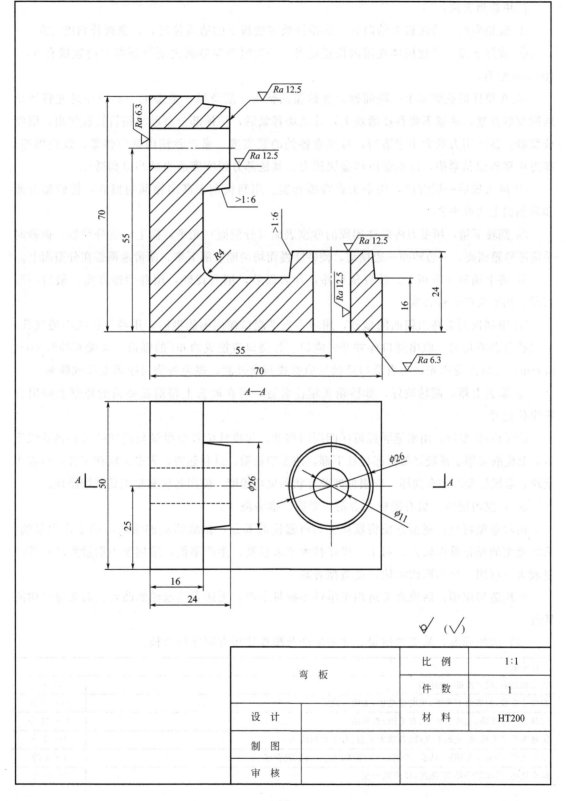

（1）实习教学要求：了解型砂、造型、合型、熔炼、浇注、落砂、清理及常见铸造缺陷，熟悉铸件分型面的选择，掌握活块造型方法、特点及操作技能。

活块造型方法：

① 放稳底板，清除板上的散砂，将模样放在底板上的适当位置，注意模样斜度方向。

② 放好下箱，并使模样在箱内位置适当，一般模型与砂箱内壁及顶部之间须留有 30～100mm 距离。

③ 在模样的表面筛上一层面砂，在砂箱内铲入一层背砂。造型的一般顺序是先将活块周围型砂舂紧，注意不要舂在活块上，待活块舂紧后，切掉部分型砂将销钉轻轻拔出，继续放型砂，舂砂用力的大小应适当，且注意各处的紧实度，靠近砂箱内壁应舂紧，以免塌箱；靠近模型砂层稍紧些，以承受液体金属压力，其他部分紧实度适当减小以利透气。

④ 填入最后一层背砂，用平头砂舂锤舂实。用刮板刮去高出箱面的型砂，使砂型表面和砂箱的上边缘平齐。

⑤ 翻转下箱，用墁刀将模样四周的砂型表面（分型面）光平，撒上一层分型砂。撒砂时手应距砂箱稍高，一边转圈一边摆动，使砂缓慢而均匀地散落下来，薄薄地覆盖在分型面上。

⑥ 将上箱放在下箱上，放好浇口棒，加入面砂，填入背砂，用舂砂锤舂实，最后一层型砂，用平头砂舂锤舂实。

⑦ 用刮板刮去高出箱面的型砂，用墁刀光平浇口棒周围的型砂，用通气针扎出通气孔，通气孔分布要均匀。取出浇口棒并开外浇口。外浇口应挖成约 60°的锥形，大端直径约 60～80mm，浇口面应修光，与直浇口连接处应修成圆滑过渡，避免外浇口挖得太浅成碟形。

⑧ 取去上箱，翻转放好，如砂箱无定位装置，要在取去上箱前在砂箱的外壁上做出合箱定位记号。

⑨ 扫除分型砂，用水笔润湿模样四周的型砂。起模针位置要尽量与模样的重心铅垂线重合，起模前要用小锤轻轻敲打起模针下部，使模型松动，以利起模，先取出模样主体，再取出活块，起模后型腔如有损坏，应根据型腔形状和损坏程度，使用各种修整工具进行修补。

⑩ 开挖内浇口、撒石墨粉、合箱、紧固、准备浇注。

活块造型特点：造型方便将模样上妨碍起模的部分，做成活动的活块，便于造型起模，活块造型的操作难度较大，对工人操作技术要求较高，生产率低，适用于小批量生产；若产量较大一可用外型芯取代活块，使造型容易。

活块造型应用：活块造型适用于单件小批量生产，无法直接起模的凸台、筋条等结构的铸件。

（2）考核标准：从工件质量、文明生产及操作技巧方面进行考核。

工件质量：	
①表面光滑、尺寸准确、无缺陷	80分
②尺寸准确,但表面不光滑,无明显毛边,无明显缺陷	60～79分
③基本尺寸准确,表面不光滑,有毛边,有缺陷	40～59分
④基本尺寸不准确、表面不光滑,有较大毛边,有多种缺陷	0～39分
文明生产:劳动态度端正、认真、严谨,工位整洁,工、量具取放有序	0～10分
操作技巧:操作顺序得当、熟练,反应能力强	0～10分

2.2.4 挖砂造型

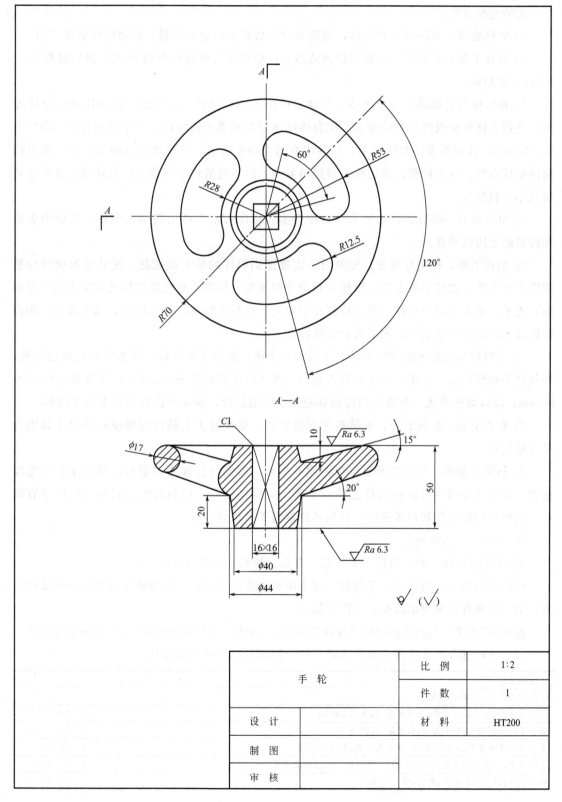

手　轮		比　例	1:2
		件　数	1
设　计		材　料	HT200
制　图			
审　核			

（1）实习教学要求：了解型砂、芯砂、造型、造芯、合型、熔炼、浇注、落砂、清理及常见铸造缺陷，熟悉铸件分型面的选择，掌握挖砂造型方法、特点及操作技能。

挖砂造型方法：

① 放稳底板，清除板上的散砂，将模样放在底板上的适当位置，注意模样斜度方向。

② 放好下箱，并使模样在箱内位置适当，一般模样与砂箱内壁及顶部之间须留有 30～100mm 的距离。

③ 在模样的表面筛上一层面砂，在砂箱内铲入一层背砂，造型的一般顺序是将模样按住，并用手将模样周围的型砂塞紧。用舂砂锤逐层舂实填入的型砂，对小砂箱每层加砂厚约 50～70mm，注意不要舂到模样上，舂砂用力的大小应适当，且注意各处的紧实度，靠近砂箱内壁应舂紧，以免塌箱；靠近模样砂层稍紧些，以承受液体金属压力，其他部分紧实度适当减小以利透气。

④ 填入最后一层背砂，用平头砂舂锤舂实。用刮板刮去高出箱面的型砂，使砂型表面和砂箱的上边缘平齐。

⑤ 翻转下箱，挖出分型面，分型面一定要挖到模样的最大截面处，挖砂所形成的分型面应平整光滑，坡度不能太陡，以便敞箱和合箱操作。用墁刀将模样四周的砂型表面（分型面）光平，撒上一层分型砂。将上箱放在下箱上，放好浇口棒，加入面砂，填入背砂，用舂砂锤舂实，最后一层型砂，用平头砂舂锤舂实。

⑥ 用刮板刮去高出箱面的型砂，用墁刀光平浇口棒周围的型砂，用通气针扎出通气孔，通气孔分布要均匀。取出浇口棒并开外浇口。外浇口应挖成约 60°的锥形，大端直径约 60～80mm，浇口面应修光，与直浇口连接处应修成圆滑过渡，避免外浇口挖得太浅成碟形。

⑦ 取去上箱，翻转放好，如砂箱无定位装置，要在取去上箱前在砂箱的外壁上做出合箱定位记号。

⑧ 扫除分型砂，用水笔润湿模样四周的型砂，起模针位置要尽量与模样的重心铅垂线重合，起模前要用小锤轻轻敲打起模针下部，使模样松动，以利起模，起模后型腔如有损坏，应根据型腔形状和损坏程度，使用各种修整工具进行修补。

⑨ 用对开式芯盒制芯。

⑩ 开挖内浇口、撒石墨粉、下型芯、合箱、紧固、准备浇注。

挖砂造型特点：整体模，造型时需挖去阻碍起模的型砂，故分型面是曲面，操作难度较大，对工人操作技术要求较高，生产率低。

挖砂造型应用：挖砂造型适用于分模后易损坏或变形及形状较复杂铸件的小批量单件生产。

（2）考核标准：从工件质量、文明生产及操作技巧方面进行考核。

工件质量：	
①表面光滑、尺寸准确、无缺陷	80 分
②尺寸准确，但表面不光滑，无明显毛边，无明显缺陷	60～79 分
③基本尺寸准确，表面不光滑，有毛边，有缺陷	40～59 分
④基本尺寸不准确、表面不光滑、有较大毛边、有多种缺陷	0～39 分
文明生产：劳动态度端正、认真、严谨，工位整洁，工、量具取放有序	0～10 分
操作技巧：操作顺序得当、熟练，反应能力强	0～10 分

2.3 实习报告

（1）试述铸造生产的特点及应用。（1分）

（2）铸造生产工艺流程图填空。（2分）

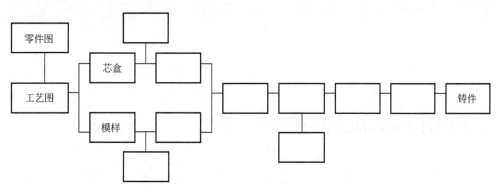

（3）何谓型砂？型砂应具备哪些性能？芯砂的特点是什么？（3分）

（4）标出铸型装配图及带浇注系统铸件的各部分名称。（2分）

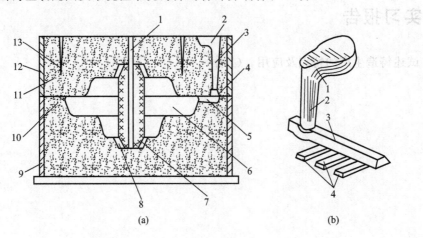

（a）　　　　　　　　　　　　（b）

（5）如何用手来简单判断湿型砂的性能？（1分）

（6）模样尺寸、铸件尺寸、工件尺寸三者关系是什么？（机类1分、非机类2分）

（7）如图为整模造型过程图，回答下列问题。（机类 2 分、非机类 3 分）

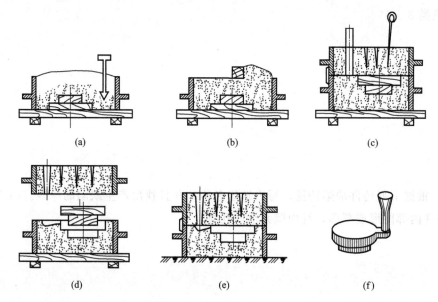

(a)　　　　　　　　(b)　　　　　　　　(c)

(d)　　　　　　　　(e)　　　　　　　　(f)

① 根据上图所示，简要描述整模造型过程。

② 要用到哪些造型工具？

③ 各工具有何作用？

（8）浇注温度过高和过低有什么不好？浇注速度的快慢对铸件质量有什么影响？（机类 2 分、非机类 3 分）

*（9）根据下列铸件缺陷特征，写出缺陷名称，并且找出产生缺陷的原因。（4 分）
① 铸件内部圆形或梨形，且内壁光滑的孔洞。

② 铸件表面或内部表面带有砂粒的孔洞。

③ 铸件厚壁处出现形状不规则的孔眼，内壁粗糙的孔洞。

④ 铸件表面黏着一层难以除掉的砂粒，使表面粗糙。

（10）你在实习操作中见到哪些造型方法？各适用何种零件？（机类 2 分、非机类 3 分）

2.4　铸造实习复习思考题

(1) 什么叫铸造?

(2) 试述砂型铸造的主要工序。

(3) 型砂由哪些材料混拌制成?

(4) 判断型砂的干湿程度有几种方法?

(5) 湿型砂中加入锯木屑、煤粉起什么作用?

(6) 能否用铸件代替模样来造型?

(7) 常用的造型工具有哪些?

(8) 手工造型主要有几种方法?

(9) 活块造型适用何种结构的铸件?

(10) 活块造型时,舂砂应注意什么?

(11) 试述整模造型工艺?

(12) 铸件采用分模造型时,模样应从何处分开?

(13) 刮板造型适应什么铸件?

(14) 制芯的工艺是什么?

(15) 制芯时安放芯骨的作用是什么?

(16) 手工制芯有几种方法?

(17) 振压造型的过程是什么?

(18) 合型工作的主要内容是什么?

(19) 画简图表示冲天炉的主要组成部分,并说明其作用。出渣口为什么要比出铁口高?

(20) 绘图说明浇注系统的组成及其作用?

(21) 开设内浇口时应注意哪些问题?

(22) 浇注速度的快慢对铸件有何影响?

(23) 在浇包内金属液面上撒干砂或稻草灰起什么作用?

(24) 常见的铸件缺陷产生原因是什么?

(25) 铸件清理有哪些内容?

(26) 铸造的主要工艺参数是什么?

(27) 零件、铸件、模样之间有何联系?又有何差异?

(28) 什么是特种铸造?有什么特点?

(29) 什么是金属型铸造、压力铸造、熔模铸造?各有何优缺点?应用范围如何?

(30) 铸造技术发展趋势是什么?

第3章 锻 造

3.1 锻造实习安全技术规则

（1）工作前检查所需使用的设备是否安全、可靠，运转系统的润滑情况等。

（2）严禁在指导教师未允许的情况下，在炉内对坯料加热。

（3）手锻操作前要检查火钳、摔子、冲子等有无开裂及铆钉松动的现象，锤头与柄连接是否牢固，打大锤时先看周围，以免伤人。

（4）选择火钳必须使钳口与锻件的截面形状相适应，以保证夹持牢固。

（5）加热时要严格控制锻造温度范围，在加热时不准猛开风门，以防火星或煤屑飞出伤人。

（6）两人或多人配合操作时，必须听从掌钳者的统一指挥。冲孔及剁料时，司锤工应听从拿剁刀及冲子者的指挥，周围人员应避开，以防料头及冲头等飞出伤人。

（7）不准用手代替钳子直接拿工件，以防烫伤。

（8）不得用手锤、大锤对砧面敲击，以免锤头反跳被击伤。

（9）操作时要密切配合，听从"轻打""打""重打""停止"等口令。

（10）严禁用锤头空击下砧铁，也不许锻打未烧或已冷的锻件。

（11）锻打时，锻件应放在下抵铁中部，锻件及垫铁等工具必须放正、放平，防止工具飞出伤人。

（12）取放坯料或清理炉子，应关闭风门后进行。

（13）在砧面上不得积存渣皮，清理时勿直接用手，要使用刷子等工具。

（14）发现设备运转异常，应立即停车检查，等恢复正常后方可继续操作。

（15）空气锤在开始时不可"强打"，使用完毕将锤头提起，并用木块垫好。

（16）实习完毕，将锻炉熄灭，并清理工作场地。

（17）开车前应检查冲床主要紧固件有无松动、模具有无裂纹以及运动系统的润滑情况，并开空车试冲几次。

（18）安装模具必须将滑块降至下极点，仔细调节闭合高度及模具间隙，模具紧固后进行点冲或试冲。

（19）模锻件切边前，须看清冲头的内腔形状，然后确定正确的锻件的摆放方向。冲切时，须将前一模锻件的毛边取出，以防毛边堆积使冲床超载。

（20）当滑块向下运动时，严禁将手或工具伸进模具内。小件一定要用专门工具进行操作。模具卡住工件时，只许用工具解脱。

（21）发现冲床运转异常时，应停止送料，进行检查。每完成一次行程后，手或脚必须及时离开按钮或脚踏板，以防连冲。

（22）操作结束时，应切断电源，使滑块处于最低位置，再进行清理。

3.2　实习图纸与操作规范

法兰

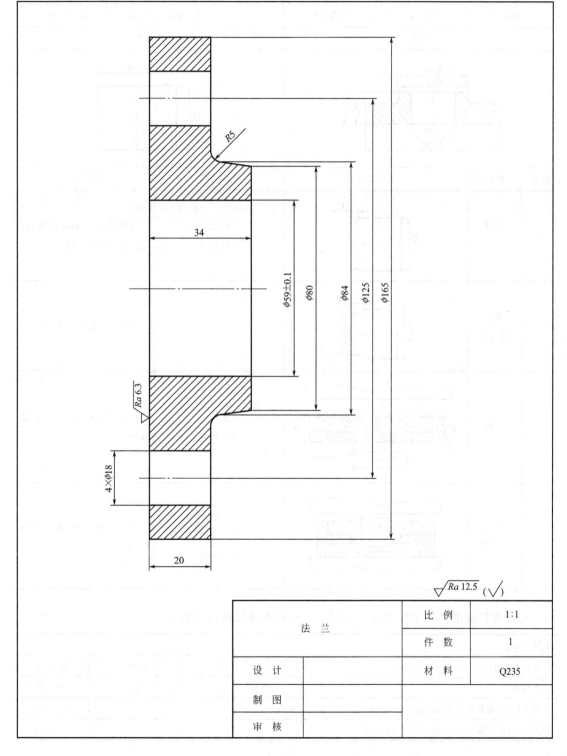

			比　例	1:1
法　兰			件　数	1
设　计			材　料	Q235
制　图				
审　核				

（1）实习教学要求：了解坯料的加热和自由锻设备，了解锻件的冷却及常见锻造缺陷，掌握胎膜锻基本工序的特点，熟悉胎膜锻的生产工艺过程。

简述法兰锻件的胎膜锻的工艺过程。

锻件名称	法兰	工艺类别	自由锻	设备	250kg空气锤
材料	Q235	加热火次	2	锻造温度范围	800～1200℃

锻件图		坯料图

序号	工序名称	工序简图	使用工具	操作要点
1	压肩 自由锻		火钳 压肩摔子	在离端面11mm处压肩，边轻打边转动坯料
2	拔长 自由锻		火钳	将压肩一端拔长至16mm
3	垫膜		火钳 法兰垫膜	将坯料放入法兰垫膜锻打成型
4	冲孔 自由锻		火钳 法兰垫膜 冲孔漏盘	冲子注意对中，采用双面冲孔

（2）考核标准：从工件质量、文明生产及操作技巧进行考核。

工件质量：			
①每对边尺寸40mm×40mm×40mm	60分	每超差1mm	扣10分
②平行度	20分	每超差0.5mm	扣2分
文明生产：劳动态度端正、认真、严谨，工位整洁，工、量具取放有序			0～10分
操作技巧：操作顺序得当、熟练，反应能力强			0～10分

3.3　实习报告

（1）什么叫退火和正火？有什么不同？（机类 1 分、非机类 2 分）

（2）整体淬火和表面淬火有什么不同？表面淬火的工艺是什么？（2 分）

（3）锻造生产的过程主要包括什么？锻造时将金属加热的目的是什么？（2 分）

（4）什么叫过热？什么叫过烧？二者有什么不同？（2 分）

（5）什么叫冷冲压？什么叫热冲压？（机类 1 分、非机类 2 分）

（6）写出空气锤各部件名称、简述工作原理。（机类 2 分、非机类 3 分）

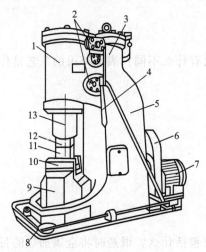

（7）自由锻造的基本工序是什么？其中常用的工序是什么？（2 分）

（8）冲压的工序有哪两大类？每类包括哪些？（2 分）

（9）简述阶梯轴锻件的自由锻工艺过程。（机类 2 分、非机类 3 分）

锻件名称	阶梯轴	工艺类别	自由锻	设备	250kg 空气锤
材料	45	加热火次	2	锻造温度范围	800～1200℃

锻件图	坯料图

序号	工序名称	工序简图	使用工具	操作要点
1				
2				
3				
4				
5				
6、7、8	拔长、摔圆、精整	略	火钳、摔圆摔子、钢板尺	略、见 3、4 操作要点检查及修整轴向弯曲

*（10）简述齿轮坯锻件的胎膜锻工艺过程（4分）

锻件名称	齿轮	工艺类别	自由锻	设备	250kg 空气锤
材料	45	加热火次	2	锻造温度范围	800～1200℃
锻件图			坯料图		

$\phi28\pm1.5$ 29 ± 1 44 ± 1 $\phi58\pm1$ $\phi92\pm1$

$\phi50$ 125

序号	工序名称	工序简图	使用工具	操作要点
1				
2				
3				
4				
5	检查			检查有无各种缺陷

3.4　锻造实习复习思考题

（1）什么是钢的整体热处理？常用热处理方法有哪些？

（2）比较退火和正火的异同点？

（3）什么是回火？目的是什么？

（4）锻造成形的实质是什么？与铸造相比，锻造加工有哪些特点？

（5）锻造加工的材料主要应具有什么样的性能？常用材料中哪些可以锻造？哪些不可锻造？

（6）金属在锻造前为什么要加热？

（7）什么是始锻温度和终锻温度？低碳钢和中碳钢的始锻温度和终锻温度各是多少？各呈现什么颜色？

（8）为什么坯料低于终锻温度后不宜继续锻造？

（9）加热的缺陷有几种？各是什么？

（10）过热和过烧对锻件质量有什么影响？如何防止过热和过烧？

（11）常用的锻造加热炉有哪几种？各有何优缺点及适用性？

（12）锻件有哪几种冷却方式？各自的适用范围如何？

（13）自由锻造有哪些基本操作工序？各有何用途？

（14）自由锻造有几种工序？各是什么？

（15）空气锤由哪些部分组成？各有何作用？

（16）空气锤有哪些动作？各有何作用？

（17）镦粗对坯料的高径比有何限制？为什么？

（18）拔长的操作要点是什么？

（19）冲孔前为什么要先将坯料镦粗？

（20）锻工冲孔操作工艺要点是什么？

（21）什么是胎模锻？

（22）胎模锻与自由锻有何不同？

（23）常用胎模结构有哪几种？各适用于锻造什么锻件？

（24）冲压的特点是什么？

（25）常见的冲压设备有几类？

（26）冲床的组成及各部分的作用是什么？

（27）冲压的基本工序是什么？

（28）冲模按结构有几种？各是什么？

（29）数控冲压的主要特点是什么？

（30）锻压技术的发展趋势是什么？

第4章 焊 接

4.1 焊接实习安全技术规则

电弧焊：

（1）实习前要穿好工作服和工作鞋。

（2）焊接前，先检查电线是否完好，外壳接地是否牢固。

（3）焊接时必须带防护面罩、手套、鞋盖。无面罩不准看弧光。

（4）推闸门开关时，人体应偏斜站立，并要一次推到位。在焊接接时，绝对禁止调节电流大小，以免烧毁电焊机。

（5）焊钳不准放于工作台上，以免短路烧毁电焊机和发生火灾。

（6）刚焊完的工件不准用手去摸，以防烫伤。

（7）在敲打熔渣时，应戴上安全眼镜，防止熔渣击伤眼睛。

（8）电焊机后面绝对禁止接近，以防触电。

（9）焊接场地必须通风良好，以防有害气体影响人体健康。

（10）焊接场地附近，禁止放置木材、油漆及其他易燃、易爆物品。

（11）焊接结束时，应切断焊机电源并检查焊接场地有无火种。

（12）如发生事故，要关闭电源，保护好现场，及时向指导教师汇报，分析原因，总结经验教训。

气焊：

（1）实习前要穿好工作服和工作鞋。

（2）氧气瓶、乙炔瓶旁严禁烟火。

（3）氧气瓶严禁与油污接触，不能强烈振动，以免爆炸。

（4）操作前应先检查焊炬或割炬、氧气和乙炔导管是否漏气。

（5）安装减压表时，人应斜立，瓶上阀门缓缓打开，以免被气流击伤。

（6）气焊与气割操作时，先开乙炔，然后稍开氧气，点火后调整。如发现火焰突然回缩并听到嘶嘶声，这是危险的"回火"现象，立即关闭焊炬的氧气阀和乙炔阀。

（7）回火时，要立即关闭乙炔阀门，并检查原因，以便进行妥善处理。

（8）注意已焊与气割工件，尚有较高温度，防止烫伤。

（9）气焊与气割时，要注意火焰喷出的方向，以防烧伤。

（10）气焊与气割时，不要把刚焊完或割完的工件靠近胶管，以防胶管烫漏引起火灾。

（11）气焊与气割场地必须通风良好，以防有害气体影响人体健康。

（12）气焊与气割场地附近，禁止放置木材、油漆及其他易燃、易爆物品。

（13）气焊与气割结束时，应关掉氧气瓶和乙炔瓶的阀门并检查场地有无火种。

（14）如发生事故后，要保护好现场，及时向指导教师汇报，分析原因，总结经验教训。

4.2　实习图纸与操作规范

焊板

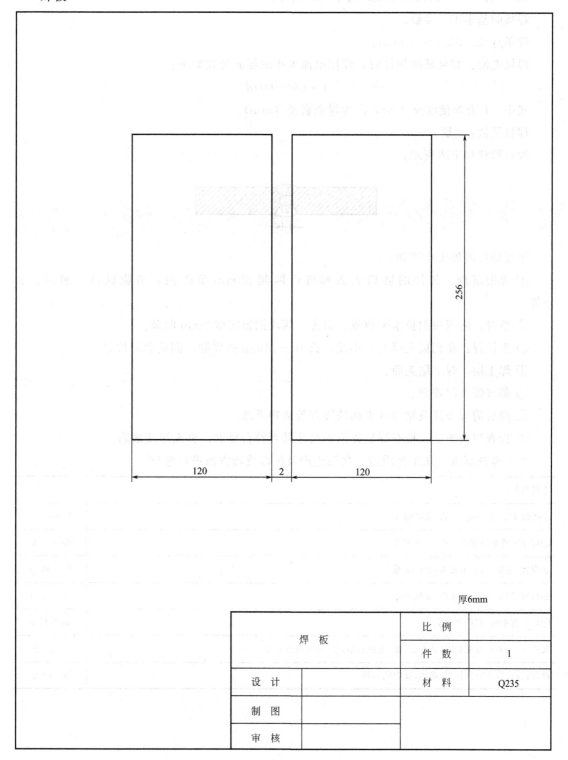

厚6mm

	比　例	
焊　板	件　数	1
设　计	材　料	Q235
制　图		
审　核		

（1）实习教学要求：了解电弧焊机的主要技术参数、电焊条、焊接接头形式、坡口形式及空间位置的焊接特点。熟悉焊接工艺参数及其对焊接质量的影响，了解平板焊接结构的生产工艺过程，了解常见的焊接缺陷。

取厚度为 6mm 的低碳钢板进行手工焊接操作。

焊接的基本工艺参数：

焊条直径：$\phi 3.2 \sim 4.0$mm。

焊接电流：焊接低碳钢件时，焊接电流大小的经验公式如下：

$$I = (30 \sim 60)d$$

式中，I 为焊接电流（A），d 为焊条直径（mm）。

焊接层数：3 层。

坡口形状如下图所示：

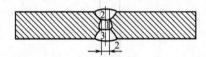

平板焊接的加工步骤如下。

① 焊前清理：焊件的坡口表面和坡口两侧 20mm 范围内，清除铁锈、油污、水分等。

② 组对：将两块钢板水平放置、对齐。两块钢板间留 2mm 间隙。

③ 定位焊：在钢板先焊上一小段，长 10～15mm 的焊缝，固定相对位置。

④ 焊 1 层，焊 2 层盖面。

⑤ 翻转焊 3 层盖面。

⑥ 焊后清理焊渣及把焊件表面的飞溅等清理干净。

⑦ 检查焊缝质量：检查焊缝外形和尺寸是否符合要求，有无焊接缺陷。

（2）考核标准：从工件质量、文明生产及操作技巧方面进行考核。

工件质量：	
①焊缝平整光滑宽度一致,余高相等	70～80 分
②焊缝平整光滑宽度一致,余高不等	60～70 分
③焊缝、宽度一致,不光滑,余高不等	50～60 分
④焊缝、宽度不等,不光滑,余高不等	40～50 分
⑤焊缝有中断,有严重缺陷	40 分以下
文明生产:劳动态度端正、认真、严谨,工位整洁,工、量具取放有序	0～10 分
操作技巧:操作顺序得当、熟练,反应能力强	0～10 分

4.3　实习报告

（1）手工电弧焊的工作过程如图所示，写出各部分的名称。（2分）

1 为＿＿＿＿＿＿＿＿＿＿＿＿

2 为＿＿＿＿＿＿＿＿＿＿＿＿

3 为＿＿＿＿＿＿＿＿＿＿＿＿

4 为＿＿＿＿＿＿＿＿＿＿＿＿

5 为＿＿＿＿＿＿＿＿＿＿＿＿

6 为＿＿＿＿＿＿＿＿＿＿＿＿

7 为＿＿＿＿＿＿＿＿＿＿＿＿

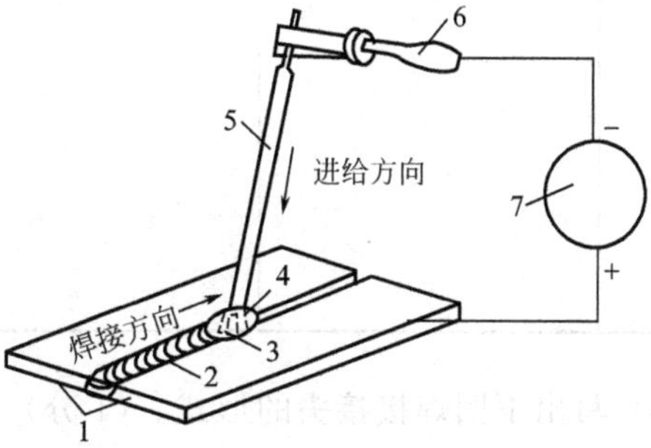

（2）你实习中所用设备名称＿＿＿＿＿＿＿＿，型号＿＿＿＿＿＿＿＿，其初级电压＿＿＿＿＿V。操作时采用＿＿＿＿＿接法，空载电压是＿＿＿＿＿V，电流调节范围是＿＿＿＿＿＿＿＿＿A。你在焊接练习时，使用的焊条牌号＿＿＿＿＿＿＿＿＿，焊条直径＿＿＿＿＿＿采用的焊接电流＿＿＿＿＿A。（2分）

（3）说明电焊条的组成部分及作用。（2分）

组成部分		
作　用		

（4）解释焊条的牌号。（机类2分、非机类3分）

E4303

E5015

（5）画简图表示对接接头常见的坡口形式。（机类2分、非机类4分）

名称				
简图				

（6）写出下图焊接接头的形式。（1分）

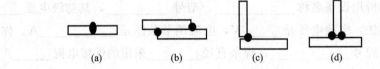

（a）　　　　　（b）　　　　　（c）　　　　　（d）

（7）写出下图焊缝的空间位置。（机类1分、非机类2分）

（a）

（b）

（a）对接

（b）角接

（8）简述下图气焊设备的名称及名词解释，气焊示意图中的各部分名称。（2 分）

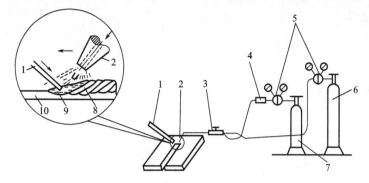

（9）简述氧气切割过程和切割条件。（2 分）

*（10）和手工电弧焊比较，下列焊接方法各有何特点？（4分）

① 埋弧自动焊

② 电阻焊

③ 氩弧焊

④ CO_2 气体保护焊

4.4　焊接实习复习思考题

(1) 什么是焊接？焊接与铆接比较，具有哪些优点？存在什么缺点？

(2) 焊接的方法有几种？各是什么？

(3) 试比较熔焊、压焊和钎焊有哪些不同？

(4) 什么是焊接电弧？焊接电弧的构造及温度分布如何？何谓正接？何谓反接？

(5) 常用的手弧焊机有哪几种？说明你在实习中使用的电焊机的主要参数及其含义。

(6) 焊芯与药皮各起什么作用？

(7) 焊条的分类是什么？

(8) 常见的焊接接头型式有哪些？坡口的作用是什么？

(9) 焊接的位置有几种？

(10) 焊条直径的选择主要考虑什么？

(11) 手弧焊操作时，应如何引弧、运条和收尾？

(12) 气焊设备有哪几种？各有何作用？

(13) 气焊火焰有哪几种？如何区别？低碳钢、低合金钢、高碳钢、铸铁、铝合金、黄铜等材料焊接时，各采用哪种火焰？

(14) 说明气割的原理及被切割的金属应具备的条件。哪些材料不适合于气割？

(15) 等离子弧切割的工作原理是什么？

(16) 什么是气体保护电弧焊？常用气体保护焊有几种？

(17) 其他的焊接方法有几种？各是什么？

(18) 埋弧自动焊的特点和应用是什么？

(19) 电阻焊的主要特点是什么？

(20) 电阻焊有几种？各是什么？

(21) 什么是焊接变形？有几种？画出变形简图。

(22) 什么是焊接缺陷？常见的焊接缺陷是什么？

(23) 未焊透产生原因是什么？如何防止？

(24) 气孔产生原因是什么？如何防止？

(25) 热裂纹产生原因是什么？如何防止？

(26) 常用的焊接质量检验方法有几种？

(27) 常用非破坏检验方法是什么？

(28) 写出几种先进的焊接方法？

(29) 激光焊适合什么材料？应用范围是什么？

(30) 现代切割技术与传统切割技术有什么区别？

第5章 车 削

5.1 车削实习安全技术规则

(1) 操作前必须穿好工作服,戴好工作帽,女生必须将长发放入帽内,严禁戴手套。

(2) 实习应在指定车床上进行,不得乱动其他机床、工具或电气开关等。

(3) 开车前,将车床需要润滑的部位注入润滑油,检查车床上有无障碍物,各手柄的位置是否恰当,确认正常后才准开车。

(4) 开车后,不准远离车床,如要离开,必须停车。

(5) 两人或两人以上同在一台车床上实习时,只准一人操作,开车前必须先打招呼,注意他人安全。

(6) 用卡盘夹紧工件要牢固,工件夹紧后,卡盘扳手应立即取下,以免主轴转动时飞出造成事故。

(7) 开车后,人不能靠近正在旋转的工件,更不准用手或抹布擦摸工件表面。

(8) 车刀的刀尖应装到和工件轴心同样高低位置,刀尖不应伸出刀架太长。

(9) 在车削时,不得任意加大切削用量以免机床过载。

(10) 切削过程中要停车时,不准用开倒车来代替刹车,严禁用手制动卡盘,应当让它自然停下。

(11) 严禁开车时变换车床主轴转速,换刀、测量工件时必须停车。不许用手和其他东西拉扯铁屑,可用铁钩清理铁屑。

(12) 车削时小刀架应调整到合适的位置。

(13) 不要站在切屑飞出的方向,以免受伤。

(14) 下班之前要擦净机床、清理场地、关闭电源,擦拭机床时要注意不要被刀尖、切屑划伤手,并防止溜板箱、刀架、卡盘、尾座等相互碰撞,并在导轨、丝杠、光杠等传动件上加润滑油,将各部件调整到正常位置上。

(15) 发生事故后,立即停车,关闭电源,保护好现场,及时向指导教师汇报,分析原因,总结经验教训。

5.2　实习图纸与操作规范

5.2.1　台阶轴车削加工工艺

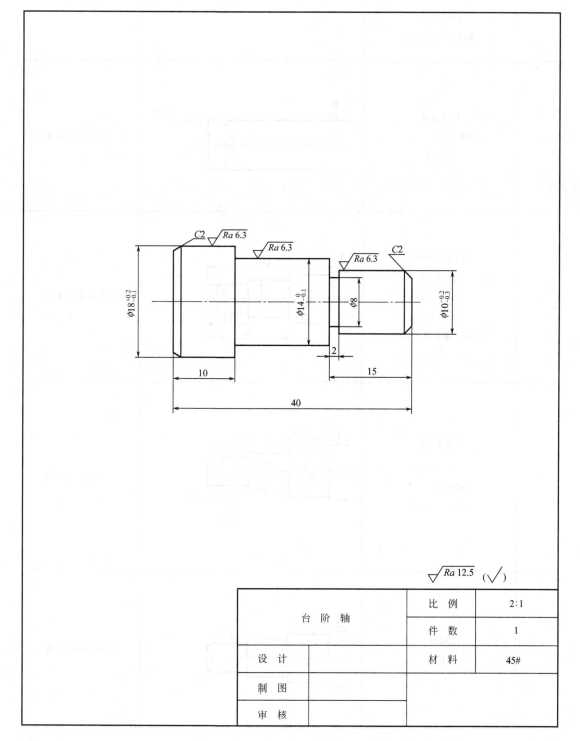

	比　例	2:1
台　阶　轴	件　数	1
设　计	材　料	45#
制　图		
审　核		

（1）实习教学要求：了解轴类工件装夹方法，掌握车外圆、车端面方法，了解车槽的方法。了解车削加工所能达到的尺寸公差等级、表面粗糙度 Ra 值的范围及其测量方法。熟悉车削台阶轴的简单工艺安排。

序号	操作内容	加工简图	装夹方法
1	下棒料 $\phi20$ 10 件共 480mm		
2	三爪卡盘装夹 伸出长度 53～55 车端面		三爪自定心卡盘
3	粗车各外圆 $\phi18.5\times45$ $\phi14.5\times30$ $\phi10.5\times15$ 留加工余量 0.5mm		三爪自定心卡盘
4	精车各外圆 $\phi18^{+0.2}_{-0.1}\times45$ $\phi14^{\ 0}_{-0.1}\times30$ $\phi10^{-0.2}_{-0.3}\times15$		三爪自定心卡盘
5	倒角 $C2$		三爪自定心卡盘

续表

序号	操作内容	加工简图	装夹方法
6	车退刀槽 $\phi 8 \times 2$		三爪自定心卡盘
7	切断 端面留加工余量 1mm 全长 41mm		三爪自定心卡盘
8	调头 车端面 倒角 C2		三爪自定心卡盘
9	检验		

（2）**考核标准**：从工件质量、文明生产及操作技巧方面进行考核。

工件质量：				80 分
①外圆	$\phi 10^{-0.2}_{-0.3}$mm	15 分	超差 0.05mm	扣 1 分
	$\phi 14^{0}_{-0.1}$mm	15 分	超差 0.05mm	扣 1 分
	$\phi 18^{+0.2}_{-0.1}$mm	15 分	超差 0.05mm	扣 1 分
②长度	40mm	7 分	超差 0.2mm	扣 2 分
	15mm	7 分	超差 0.2mm	扣 2 分
	10mm	7 分	超差 0.2mm	扣 2 分
③槽	$\phi 8$mm	7 分	超差 0.2mm	扣 1 分
④粗糙度		7 分	每降 1 级	扣 2 分
文明生产：劳动态度端正、认真、严谨,工位整洁,工、量具取放有序				0～10 分
操作技巧：操作顺序得当、熟练,反应能力强				0～10 分

5.2.2 销轴车削加工工艺

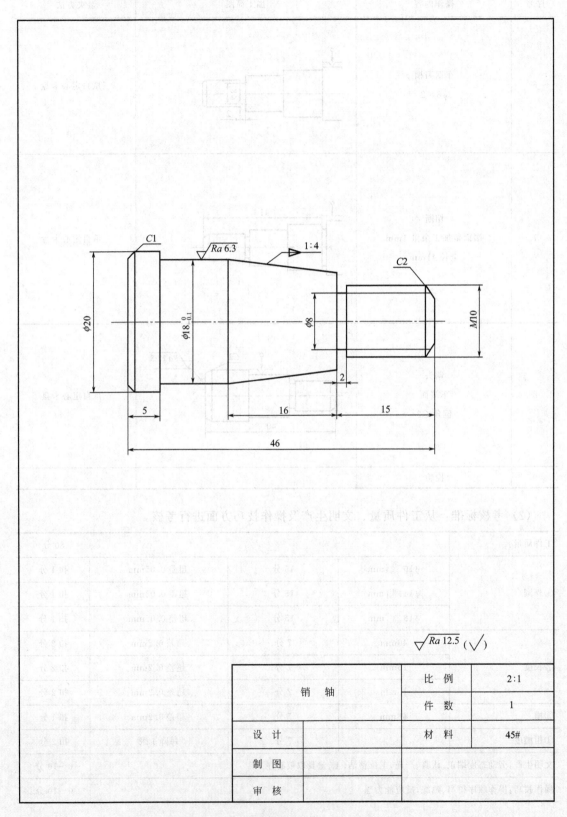

销 轴		比 例	2:1
		件 数	1
设 计		材 料	45#
制 图			
审 核			

（1）实习教学要求：了解轴类工件装夹方法，掌握车外圆、车端面方法，了解车槽、车锥面、车螺纹的方法。了解车削加工所能达到的尺寸公差等级、表面粗糙度 Ra 值的范围及其测量方法。熟悉车削销轴的简单工艺安排。

序号	操作内容	加工简图	装夹方法
1	下棒料 $\phi22$ 10 件共 540mm		
2	三爪卡盘装夹 伸出长度 59～61 车端面	$Ra12.5$　$\phi22$	三爪自定心卡盘
3	粗车各外圆 $\phi20.5\times51$ $\phi18.5\times41$ $\phi10.5\times15$ 留加工余量 0.5mm	$\phi20.5$　$\phi18.5$　$\phi10.5$　41　15　51	三爪自定心卡盘
4	精车各外圆 $\phi20\times51$ $\phi18_{-0.1}^{\ 0}\times41$ $\phi10_{-0.3}^{-0.2}\times15$	$Ra\,12.5$　$Ra\,6.3$　$Ra\,6.3$ $\phi20$　$\phi18_{-0.1}^{\ 0}$　$\phi10_{-0.3}^{-0.2}$	三爪自定心卡盘
5	倒角 $C2$	$C2$	三爪自定心卡盘
6	车退刀槽 $\phi8\times2$	$\phi8$　2	三爪自定心卡盘

序号	操作内容	加工简图	装夹方法
7	车锥面 $K=1:4$	$Ra\ 12.5$ $K=1:4$ 16	三爪自定心卡盘
8	车 $M10$ 螺纹	$M10$	三爪自定心卡盘
9	切断 端面留加工余量1mm 全长47mm	47	三爪自定心卡盘
10	调头 车端面 倒角 $C1$	$C1$ $Ra\ 12.5$ 5	三爪自定心卡盘
11	检验		

（2）考核标准：从工件质量、文明生产及操作技巧方面进行考核。

工件质量：				80 分
①外圆	$\phi20$mm	15 分	超差 0.05mm	扣 1 分
	$\phi18_{-0.1}^{0}$mm	15 分	超差 0.05mm	扣 1 分
②长度	46mm	5 分	超差 0.2mm	扣 2 分
	15mm	5 分	超差 0.2mm	扣 2 分
	5mm	5 分	超差 0.2mm	扣 2 分
③锥度		15 分	圆锥斜角超差 0.5°	扣 2 分
④槽	$\phi8$mm	5 分	超差 0.2mm	扣 2 分
⑤粗糙度		10 分	每降 1 级	扣 2 分
⑥螺纹		15 分	牙形不成形，尺寸不正确，牙形成形，尺寸正确	0～15 分
文明生产：劳动态度端正、认真、严谨，工位整洁，工、量具取放有序				0～10 分
操作技巧：操作顺序得当、熟练，反应能力强				0～10 分

5.2.3 轴车削加工工艺

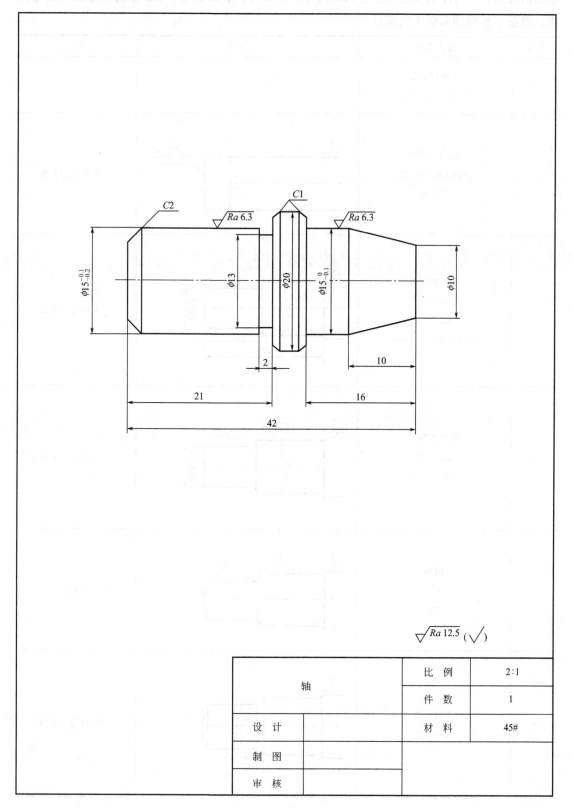

轴		比 例	2:1
		件 数	1
设 计		材 料	45#
制 图			
审 核			

（1）实习教学要求：了解轴类工件装夹方法，掌握车外圆、车端面方法，了解车槽、车锥面的方法。了解车削加工所能达到的尺寸公差等级、表面粗糙度 Ra 值的范围及其测量方法。熟悉车削轴的简单工艺安排。

序号	操作内容	加工简图	装夹方法
1	下棒料 $\phi22$ 10 件共 500mm		
2	三爪卡盘装夹 伸出长度 55～57 车端面		三爪自定心卡盘
3	粗车各外圆 $\phi20.5\times47$ $\phi15.5\times21$ 留加工余量 0.5mm		三爪自定心卡盘
4	精车各外圆 $\phi20\times45$ $\phi15_{-0.2}^{-0.1}\times21$		三爪自定心卡盘
5	倒角 $C2$ $C1$		三爪自定心卡盘
6	车退刀槽 $\phi13\times2$		三爪自定心卡盘

序号	操作内容	加工简图	装夹方法
7	切断 端面留加工余量 1mm 全长 43mm	43	三爪自定心卡盘
8	调头、车端面 粗车 $\phi15.5\times16$ 留加工余量 0.5mm	$Ra12.5$　$\phi15.5$　16	三爪自定心卡盘
9	精车 $\phi15_{-0.1}^{\ 0}\times16$ 倒角 $C1$	$C1$　$Ra6.3$　$\phi15_{-0.1}^{\ 0}$	三爪自定心卡盘
10	车锥面	$Ra12.5$　$\phi10$　10	三爪自定心卡盘
11	检验		

（2）考核标准：从工件质量、文明生产及操作技巧方面进行考核。

工件质量：				80 分
①外圆	$\phi15_{-0.2}^{-0.1}$mm、$\phi15_{-0.1}^{\ 0}$mm	25 分	超差 0.05mm	扣 2 分
	$\phi20$mm	10 分	超差 0.05mm	扣 1 分
②长度	42mm	5 分	超差 0.2mm	扣 2 分
	21mm	5 分	超差 0.2mm	扣 2 分
	16mm	5 分	超差 0.2mm	扣 2 分
③锥度		15 分	圆锥斜角超差 0.5°	扣 2 分
④槽	$\phi13$mm	5 分	超差 0.2mm	扣 2 分
⑤粗糙度		10 分	每降 1 级	扣 2 分
文明生产：劳动态度端正、认真、严谨，工位整洁，工、量具取放有序				0~10 分
操作技巧：操作顺序得当、熟练，反应能力强				0~10 分

5.2.4 齿轮车削加工工艺

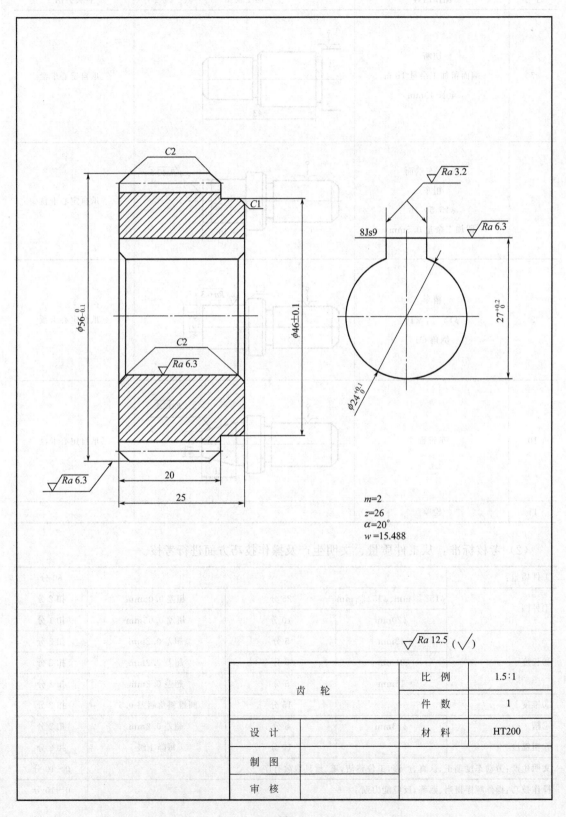

C2

C1

$Ra\,3.2$

$Ra\,6.3$

8Js9

$27^{+0.2}_{0}$

C2

$Ra\,6.3$

$\phi 56^{0}_{-0.1}$

$\phi 46\pm 0.1$

$\phi 24^{+0.1}_{0}$

$Ra\,6.3$

20

25

m=2
z=26
α=20°
w=15.488

$Ra\,12.5$ ($\sqrt{}$)

齿 轮		比 例	1.5:1
		件 数	1
设 计		材 料	HT200
制 图			
审 核			

（1）实习教学要求：了解套类工件装夹方法，掌握车外圆、车端面、钻孔、车内孔的方法，了解车削加工所能达到的尺寸公差等级、表面粗糙度 Ra 值的范围及其测量方法。熟悉车削齿轮的简单工艺安排。

序号	操作内容	加工简图	装夹方法
1	铸铁棒料 $\phi 60$ 5 件共 150mm		
2	三爪卡盘装夹 伸出长度 38～40 车端面		三爪自定心卡盘
3	粗车各外圆 $\phi 56.5 \times 30$ $\phi 46.5 \times 5$ 留加工余量 0.5mm		三爪自定心卡盘
4	精车各外圆 $\phi 56_{-0.1}^{\ 0} \times 30$ $\phi 46 \pm 0.1 \times 5$		三爪自定心卡盘
5	钻孔 $\phi 22 \times 30$		三爪自定心卡盘
6	粗车内孔 $\phi 23.5 \times 30$ 留加工余量 0.5mm		三爪自定心卡盘

序号	操作内容	加工简图	装夹方法
7	精车内孔 $\phi 24^{+0.1}_{0} \times 30$	$\phi 24^{+0.1}_{0}$　$Ra\,6.3$	三爪自定心卡盘
8	倒角 C2 C1	C2　C1	三爪自定心卡盘
9	切断 端面留加工余量 1mm 全长 26mm	26	三爪自定心卡盘
10	调头,车端面 倒角 C1 C2	C1　$Ra12.5$ C2　25	三爪自定心卡盘
11	检验		

（2）考核标准：从工件质量、文明生产及操作技巧方面进行考核

工件质量:				80 分
①外圆	$\phi 56mm$	25 分	超差 0.05mm	扣 1 分
	$\phi 46mm$	10 分	超差 0.1mm	扣 1 分
②内孔	$\phi 24mm$	25 分	超差 0.05mm	扣 1 分
③长度	25mm	5 分	超差 0.2mm	扣 1 分
	10mm	5 分	超差 0.2mm	扣 2 分
④粗糙度		10 分	每降 1 级	扣 2 分
文明生产:劳动态度端正、认真、严谨,工位整洁,工、量具取放有序				0~10 分
操作技巧:操作顺序得当、熟练,反应能力强				0~10 分

5.3　实习报告

（1）按下列示意图中的标号填写 C6136 车床部件名称。（2 分）

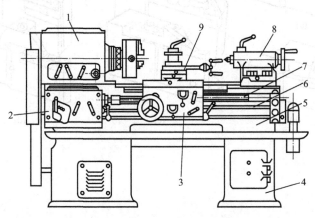

（2）图（a）能判断出游标卡尺的读数精度吗？为什么？从图（b）中读出游标卡尺的读数值。（1 分）

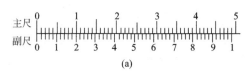
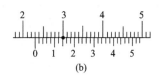

（3）说明下列车刀的结构形式、结构特点。（机类 1 分、非机类 2 分）

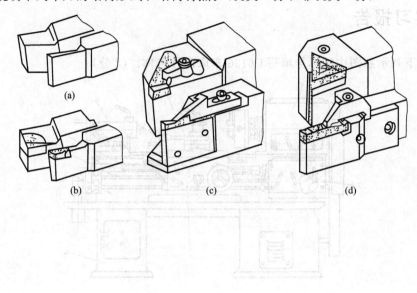

(a)

(b)   (c)   (d)

（4）刀具的材料必须具备哪些基本性能？常用的刀具材料有哪些？（2 分）

（5）如下图所示，指出车刀安装错误之处并给以纠正。（机类 1 分、非机类 2 分）

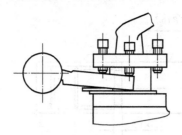

（6）工件外圆留有精车余量 0.6mm，而车床中拖板刻度盘的刻度值为每小格 0.05mm，问精车时，刻度盘的进刀格数应为多少？（1 分）

（7）写出下列车床附件的应用场合：（2 分）

① 三爪卡盘用于装夹_____

② 四爪卡盘用于装夹_____

③ 拨盘顶尖用于装夹_____

④ 中心架用于装夹_____

（8）车床上常用的车圆锥方法有几种？其特点是什么？（2 分）

（9）销轴的零件图如下，写出销轴的车削工艺、装夹方法并画出加工简图。（2 分）

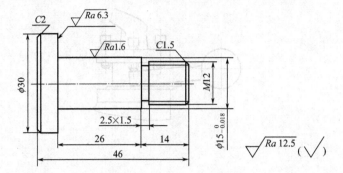

序号	操作内容	加工简图	装夹方法
1	下棒料 $\phi 32 \times 51$ 10 件共 510mm		
2			三爪自定心卡盘
3			三爪自定心卡盘
4			三爪自定心卡盘

序号	操作内容	加工简图	装夹方法
5			三爪自定心卡盘
6			三爪自定心卡盘
7			三爪自定心卡盘
8			三爪自定心卡盘
9			三爪自定心卡盘
10	检验		

*（10）套的零件图如下，写出套的车削工艺、装夹方法并画出加工简图。（2分）

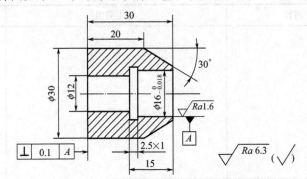

序号	操作内容	加工简图	装夹方法
1	下棒料 φ32×51 10 件共 540mm		
2			三爪自定心卡盘
3			三爪自定心卡盘
4			三爪自定心卡盘

序号	操作内容	加工简图	装夹方法
5			三爪自定心卡盘
6			三爪自定心卡盘
7			三爪自定心卡盘
8			三爪自定心卡盘
9			三爪自定心卡盘
10	检验		

（11）创新练习，学生在指导教师的指导下，独立完成机加件的设计和加工。要求画出零件图，简述操作内容并画出工艺简图。（4分）

序号	操作内容	加工简图	装夹方法
1			
2			
3			

序号	操作内容	加工简图	装夹方法
4			
5			
6			
7			

序号	操作内容	加工简图	装夹方法
8			
9			
10			
11			
12			

5.4　车削实习复习思考题

(1) 切削运动包含几种运动？各是什么？

(2) 说明车床、磨床的主运动和进给运动。

(3) 切削用量的三要素是什么？

(4) 刀具材料应具备哪些性能？常用的刀具材料有哪些？

(5) 游标卡尺和百分尺测量准确度是多少？能否测量铸件毛坯？

(6) 车床的加工范围是什么？

(7) 说明 C6132A 型车床代号的含义。

(8) 车床由哪些部分组成？各部分有何作用？

(9) 操纵车床时为什么纵、横手动进给手柄的进退方向不能扳错？

(10) 光杠、丝杠作用分别是什么？它们有何区别？

(11) C6140 车床上加工工件的最大回转直径是多少？

(12) 车削加工的尺寸精度一般可达到几级？表面粗糙度值 Ra 为多少？

(13) 车刀按其用途和材料如何进行分类？

(14) 绘图标出外圆车刀和端面车刀的主要几何角度。

(15) 前角、主后角分别表示了哪些方面在空间的位置？试简述它们的作用。

(16) 安装车刀时的注意事项是什么？

(17) 车刀刃磨时，应注意哪些问题？

(18) 车外圆时有哪些装夹方法？为什么车削轴类零件时常用双顶尖装夹？

(19) 三爪卡盘、四爪卡盘，顶尖的作用是什么？分别用在什么场合？

(20) 粗、精车的目的与粗、精车时切削用量的大致分配原则是什么？

(21) 横向进给手动手柄转过 24 小格，每小格 0.05mm，刀具横向移动多少 mm？车外圆时，背吃刀量为 1.5mm，对刀试切时，横向手动手柄应进刀多少小格？外径是 $\phi36$mm，要车成 $\phi35$mm，对刀试切时，横向手动手柄应进刀多少小格？

(22) 工件外径尺寸为 $\phi67$mm，要一刀车成 $\phi66.50$mm，对刀后横向进给手柄转过多少小格？如试车测量后尺寸小于 $\phi66.5$mm，为什么必须手柄退回两转后，再重新对刀试切？

(23) 车孔与车外圆比较，在试切方法上有何不同？如不注意不同点会出现什么情况？

(24) 孔径测量尺寸为 $\phi22.5$mm，要车成 $\phi23$mm，对刀后横向进给手柄应进刀多少小格？是逆时针转动还是顺时针转动？

(25) 切断时，车刀易折断的原因是什么？操作过程中怎样防止车刀折断？

(26) 切锥面的方法有几种？各是什么？

(27) 锥体的锥度和斜度有何不同？又有何关系？

(28) 试述转动小刀架车锥体的优缺点及应用范围？

(29) 已知锥度 $C=1:10$，试求小刀架应扳转的角度？

(30) 螺纹的基本三要素是什么？在车削中怎样保证三要素符合公差要求？

(31) 工件螺距 $P=1.5$mm、2mm、2.5mm、3mm、3.5mm 的螺纹，在 C6132A 车床上加工，哪几种采用抬闸法车削会乱扣？为什么采用正反车法不乱扣？

第6章　铣　削

6.1　铣削实习安全技术规则

(1) 操作前必须穿好工作服，戴好工作帽，女生必须将长发放入帽内，严禁戴手套。

(2) 实习应在指定铣床上进行，不得乱动其他机床、工具或电气开关等。

(3) 开车前，将铣床需要润滑的部位注入润滑油，检查车床上有无障碍物，各手柄的位置是否恰当，确认正常后才准开车。

(4) 开车后，不准远离铣床，如要离开，必须停车。

(5) 两人或两人以上同在一台床上实习时，只准一人操作，开车前必须先打招呼，注意他人安全。

(6) 安装铣刀应注意刀杆、垫圈是否干净、平整，刀具运转方向与工作台进给方向是否正确。

(7) 进行切削时不准中途停车，如发生故障需要停车时，要先行退刀然后才可停车检查。

(8) 铣床运转时不得调整速度（扳动手柄），如需调整铣削速度，应停车再调整。

(9) 严格遵守操作规程，不得随意更改切削用量。

(10) 不准用手去摸刀具及旋转的刀杆。

(11) 注意铣刀转向及工作台运动方向，一般只准使用逆铣法。

(12) 下班之前要擦净机床，清理场地，关闭电源。

(13) 发生事故后，立即停车，关闭电源，保护好现场，及时向指导教师汇报，分析原因，总结经验教训。

6.2 实习图纸与操作规范

齿轮铣削加工工艺

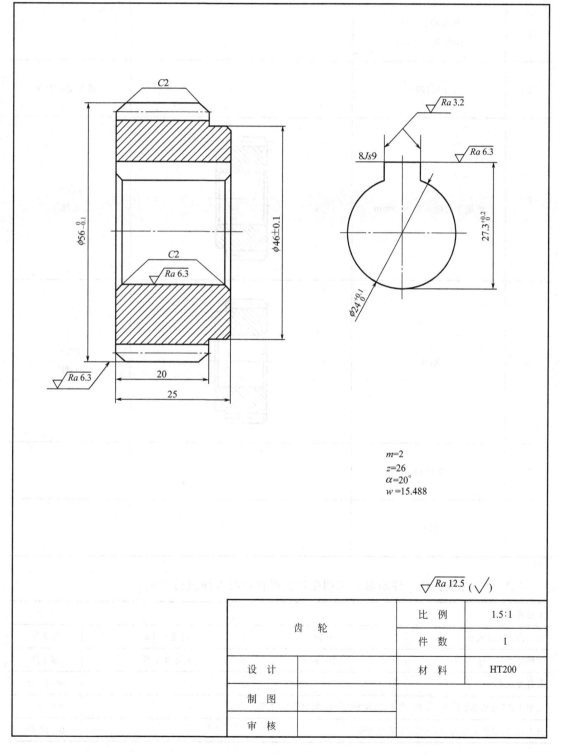

$m=2$
$z=26$
$\alpha=20°$
$w=15.488$

$\sqrt{Ra\,12.5}$ ($\sqrt{}$)

齿 轮		比 例	1.5:1
		件 数	1
设 计		材 料	HT200
制 图			
审 核			

(1) 实习教学要求：了解常用铣床的组成、运动和用途。了解其常用刀具和附件的大致结构、用途及简单分度的方法，熟悉铣削的加工方法，了解切削加工常用方法所能达到的尺寸公差等级、表面粗糙度 Ra 值的范围及其测量方法，熟悉铣床的操作方法。

序号	操作内容	加工简图	装夹方法
1	铸铁棒料 ϕ65 10 件共 300mm		
2	车削(略)		三爪自定心卡盘
3	粗铣 留加工余量 0.2～0.3mm		分度头 心轴
4	精铣		分度头 心轴
5	插(略)		
6	检验		

(2) 考核标准：从工件质量、文明生产及操作技巧方面进行考核。

工件质量：			80 分
①三齿公法线长度	30 分	超差 0.1mm	扣 2 分
②粗糙度	20 分	每降 1 级	扣 2 分
③分度正确			0～10 分
文明生产：劳动态度端正、认真、严谨,工位整洁,工、量具取放有序			0～10 分
操作技巧:操作顺序得当、熟练,反应能力强			0～10 分

6.3 实习报告

（1）什么叫铣削？铣削的加工范围有哪些？（2分）

（2）写出下图所示 X6132 铣床引线部分的名称和作用。（3分）

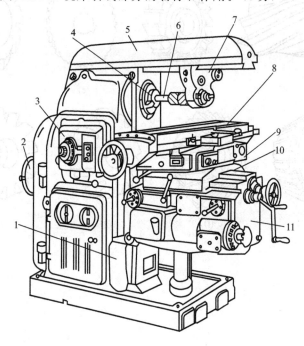

（3）什么叫铣削运动？铣削用量的三要素是什么？（2分）

（4）写出下列刀具的名称及用途。（2分）

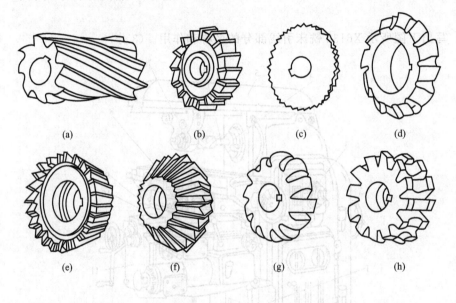

<table>
<tr><td>(a)</td><td>(b)</td><td>(c)</td><td>(d)</td></tr>
<tr><td>(e)</td><td>(f)</td><td>(g)</td><td>(h)</td></tr>
</table>

（5）铣床上常用的附件有几种？要等分工件圆周为 12 等份，用什么附件？怎么分？（机类 2 分、非机类 3 分）

（6）铣削方法有几种？并简述。（2 分）

（7）在铣削工作中，什么叫顺铣？什么叫逆铣？说出它们各自的特点。（机类 2 分、非机类 3 分）

*（8）在 X6132 铣床用 FW250 分度头，铣削下列零件时，试进行分度计算。（2 分）

① 铣五齿牙嵌式离合器时，分度头手柄应转动 _____。

② 铣六方螺栓时，分度头手柄应转动 _____。

③ 铣 $Z = 32$ 的直齿圆柱齿轮时，分度头手柄应转动 _____。

④ 在一个圆柱工件表面上要铣出截面圆心角 $\alpha = 16°$ 的两小槽，分度头手柄应转动 _____。

（9）简述你在铣床实习中加工工件的操作过程。（3分）

6.4　铣削实习复习思考题

（1）什么是铣削？铣削有哪些特点？

（2）什么是铣削的主运动和进给运动？

（3）铣削用量的三要素是什么？它们之间的关系是什么？

（4）若铣床主轴的转速 $n=210\text{r/min}$，铣刀的直径 $D=100\text{mm}$，铣削工件的长度 $L=200\text{mm}$，每转进给量 $f=0.15\text{mm/r}$。试求：①切削速度 v；②进给速度 v_1；③走一刀所用时间 T。

（5）简述铣削的特点和应用。

（6）铣削的加工范围有哪些？

（7）X62W 和 X6132 表示的含义是什么？

（8）X6132 卧式万能升降台铣床主要由哪几部分组成？各部分的主要作用是什么？

（9）卧式铣床和立式铣床的主要区别是什么？

（10）铣刀的种类有哪些？

（11）带孔铣刀安装应注意什么？

（12）铣床上的附件有哪些？

（13）铣床上工件的主要安装方法有哪几种？

（14）利用万能分度头可以加工哪些零件？它的主要功能是什么？

（15）试述分度头的工作原理。如果在铣床上铣齿数为 $Z=35$ 的齿轮，应怎样进行分度？

（16）铣削轴上的键槽常用的装夹方法有哪几种？比较理想的装夹方法是哪一种？为什么？

（17）什么叫顺铣？什么叫逆铣？其特点是什么？铣削平面、台阶面、轴上键槽时应选用什么刀具？

（18）在铣床上为什么要开车对刀？为什么必须停车变速？

（19）铣削平面、斜面、台阶面常用的方法有哪些？

（20）指出圆柱铣刀、端铣刀、三面刃铣刀、键槽铣刀的用途是什么？

（21）铣削平面、台阶面、轴上键槽时应选用什么刀具？

（22）铣轴上键槽时，如何进行对刀？对刀的目的是什么？

（23）铣削开式键槽与铣削封闭式键槽有哪些不同？

（24）简述铣削四方螺栓时的操作要点？

（25）齿轮齿形加工有哪两种加工方法？其基本原理是什么？

（26）如何用成形法铣齿轮齿形？

（27）数控铣床由哪些部分组成？

（28）数控铣床数控部分包括的内容是什么？

（29）数控铣床机床本体包括的内容是什么？

（30）试述铣削的应用。实习中，你做过几种铣削加工，有何体会？

第7章 刨 削

7.1 刨削实习安全技术规则

(1) 操作前必须穿好工作服，戴好工作帽，女生必须将长发放入帽内，严禁戴手套。

(2) 实习应在指定刨床上进行，不得乱动其他机床、工具或电气开关等。

(3) 开车前，将刨床需要润滑的部位注入润滑油，检查车床上有无障碍物，各手柄的位置是否恰当，确认正常后才准开车。

(4) 开车后，不准远离刨床，如要离开，必须停车。

(5) 两人或两人以上同在一台床上实习时，只准一人操作，开车前必须先打招呼，注意他人安全。

(6) 工作台面上不得乱放物品，以免发生事故。

(7) 刨刀须牢固夹持于刀架，伸出部分不能太长，且吃刀不可太深。

(8) 刨床开动后，不可变速调节，如要调节必须停车后进行。

(9) 在刨削前，要试探刨刀行程大小是否合适，并加以调整，但决不准开车时调整。

(10) 刨削时，操作者应在刨床侧面，不准将手或脚搁置在机床的传动部位。

(11) 严格遵守操作规程，不得随意更改切削用量。不准用手去摸刀具。

(12) 工作台不得升得过高，以免发生撞车事故。

(13) 要先开车后吃刀，然后再进给，以防撞车。

(14) 下班之前要擦净机床、清理场地、关闭电源。

(15) 发生事故后，立即停车，关闭电源，保护好现场，及时向指导教师汇报，分析原因，总结经验教训。

7.2 实习图纸与操作规范

长方体

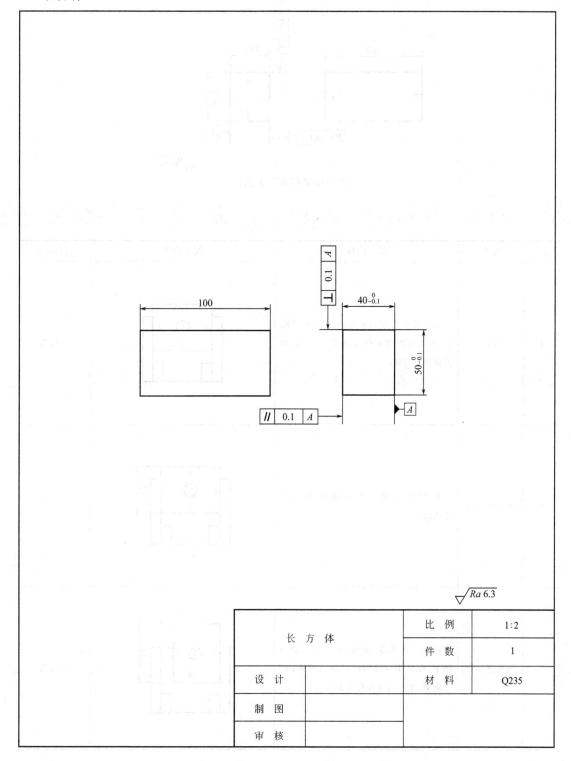

长 方 体		比 例	1:2
		件 数	1
设 计		材 料	Q235
制 图			
审 核			

（1）实习教学要求：了解刨削的装夹方法，了解刨平面方法，了解刨削加工所能达到的尺寸公差等级、表面粗糙度 Ra 值的范围及其测量方法。熟悉刨削长方体的简单工艺安排。

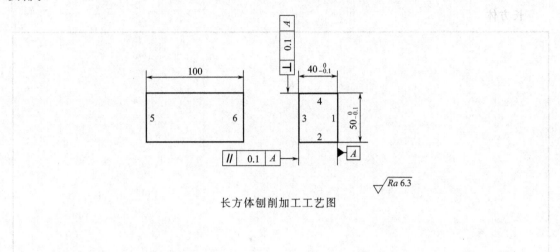

长方体刨削加工工艺图

序号	名称	操作内容	加工简图	装夹方法
1	准备	把工件装夹在刨床工作台的平口钳上,并按划线找正的方法找正;安装刨刀并调整刨床		平口钳
2	刨水平面1	先刨出平面1作为基准面至尺寸42mm		平口钳
3	刨水平面2	以面1为基准,紧贴固定钳口,面4朝下,在工件与活动钳口间垫圆棒,找正夹紧,加工面2至尺寸52mm		平口钳

序号	名称	操作内容	加工简图	装夹方法
4	刨水平面 4	以面 1 为基准,紧贴固定钳口,面 2 朝下紧贴垫铁,在工件与活动钳口间垫圆棒,找正夹紧,加工面 4 至尺寸 $50_{-0.1}^{0}$ mm,并使平面 4 与平面 1 互相垂直		平口钳
5	刨水平面 3	以面 4 为基准,紧贴固定钳口,将面 1 放在平行的垫铁上,并使面 1 与平行垫铁贴实夹紧,加工面 3 至尺寸 $40_{-0.1}^{0}$ mm。如面 1 与垫铁贴不实,也可在工件与活动钳口间垫圆棒		平口钳
6	刨端面 5	以面 1 为基准,紧贴固定钳口,面 4 朝下紧贴垫铁夹紧,将平口钳转 90°使钳口与刨削方向垂直,刨端面 5~102mm		平口钳
7	刨端面 6	以面 3 为基准,紧贴固定钳口,面 4 朝下紧贴垫铁夹紧,刨端面 6~100mm		平口钳
8	检验	按零件图进行检验		

（2）**考核标准**：从工件质量、文明生产及操作技巧方面进行考核。

工件质量:				80 分
①对边尺寸	40mm	20 分	每超差 0.05mm	扣 1 分
	50mm	20 分	每超差 0.05mm	扣 1 分
	100mm	10 分	每超差 0.05mm	扣 1 分
②平行度		10 分	每超差 0.1mm	扣 1 分
③垂直度		10 分	每超差 0.1mm	扣 1 分
④粗糙度		10 分	每降 1 级	扣 2 分
文明生产:劳动态度端正、认真、严谨,工位整洁,工、量具取放有序				0~10 分
操作技巧:操作顺序得当、熟练,反应能力强				0~10 分

7.3 实习报告

(1) 什么叫刨削？刨削的加工范围有哪些？（2分）

(2) 牛头刨床刨削运动的主运动和进给运动是什么？刨削要素是什么？（2分）

(3) 写出下图所示 B6065 刨床引线部分的名称和作用。（3分）

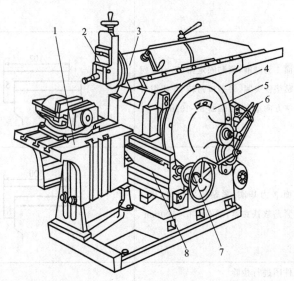

（4）画简图解释为什么刨刀往往被做成弯头的？（2分）

（5）选择填空。（2分）

① 刨削时的切削速度和退刀速度是_____。（A. 相等　B. 前者大于后者　C. 后者大于前者）

② 刀杆一般被做成弯头是为了_____。（A. 提高刀具的强度　B. 防止刀尖损坏已加工表面）

③ 刨燕尾槽通常采用_____。（A. 平面刨刀　B. 切刀　C. 角度偏刀　D. 偏刀）

④ 调节滑枕行程长度的方法是改变_____。（A. 滑枕上的丝杠螺母位置　B. 摇臂齿轮上滑块的偏心位置）

（6）解释牛头刨床、龙门刨床、插床刨削运动和能加工的工件表面。（3分）

机械种类	刨削运动	能加工的工件表面
牛头刨床		
龙门刨床		
插床		

（7）简述刨削的装夹方法和刨削的简单工艺安排及画出加工简图。（6分）

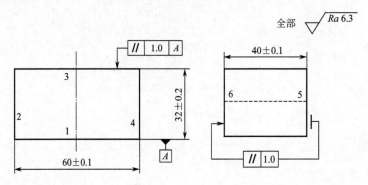

全部 $\sqrt{Ra\,6.3}$

序号	名称	操作内容	加工简图	装夹方法
1				
2				

续表

序号	名称	操作内容	加工简图	装夹方法
3				
4				
5				
6				
7				
8	检验			

7.4　刨削实习复习思考题

(1) 什么是刨削？刨削的主要加工范围是什么？

(2) 刨削的主运动和进给运动是什么？龙门刨床与牛头刨床上的主运动和进给运动有何不同？

(3) 刨削用量的三要素是什么？它们之间的关系是什么？

(4) B6065 字母和数字表示的含义是什么？

(5) B6065 牛头刨床由哪些主要部分组成？其作用是什么？

(6) 牛头刨床为什么在滑枕工作行程时速度慢，而在回程时速度快？

(7) 牛头刨床的滑枕往复速度、行程起始位置、行程长度，进给量是如何进行调整的？

(8) 弯头刨刀与直头刨刀比较，为什么常用弯头刨刀？

(9) 刨削平面、斜面、垂直面、T 形槽和 V 形槽时各选用何种刨刀？

(10) 用平口钳安装工件的注意事项是什么？

(11) 画出刨水平面、垂直面、斜面刀架和刀座的工作简图。

(12) 简述刨削六面体的加工步骤。

(13) 简述刨削 T 型槽的加工步骤。

(14) 为什么把插床称为刨削类机床？

(15) 插床的用途是什么？

(16) 简述拉削加工的特点和应用。

第8章 磨　　削

8.1　磨削实习安全技术规则

（1）操作前必须穿好工作服，戴好工作帽，女生必须将长发放入帽内，严禁戴手套。

（2）实习应在指定磨床上进行，不得乱动其他机床、工具或电气开关等。

（3）开车前，将磨床需要润滑的部位注入润滑油，并认真检查各油标、油高、手柄位置，开动机床后检查上油情况，防止机床损坏。

（4）必须正确安装和紧固砂轮，并装好砂轮防护罩，砂轮的实际圆周速度不应超过允许的安全圆周速度，否则可能因使用不当，造成砂轮破裂飞出或造成事故。

（5）两人或两人以上同在一台磨床上实习时，只准一人操作，开车前必须先打招呼，注意他人安全。

（6）工作台面上不得乱放物品，以免发生事故。

（7）开车前必须调整好换向撞块的位置并将其紧固，以免由于撞块松动而使工作台行程过头，使夹头、卡盘或尾架碰撞砂轮，造成砂轮碎裂事故。

（8）开始磨削前，必须细心地检查工件的装夹是否正确，紧固是否可靠，磁性吸盘是否正常，以防工件飞出伤人或损坏磨床设备。

（9）测量工件或调整机床都应在磨头架停转以后再进行，磨床运转时，严禁用手接触工件或砂轮，在磨削时，严禁在工件或砂轮附近做清洁工作，以免发生意外。

（10）磨削时必须在砂轮和工件转动后再进给，在砂轮退刀后再停车，否则容易挤碎砂轮和损坏机床。

（11）开车后，不准远离磨床，如要离开，必须停车。

（12）砂轮引向工件时要避免突然冲击，进给量也不能过大，以免损坏砂轮。

（13）砂轮未停稳，不能卸工件或测量工件。

（14）严禁站立在砂轮运动的切线方向。

（15）下班之前要擦净机床，清理场地，关闭电源。

（16）发生事故后，立即停车，关闭电源，保护好现场，及时向有关人员汇报，分析原因，总结经验教训。

8.2　实习图纸与操作规范

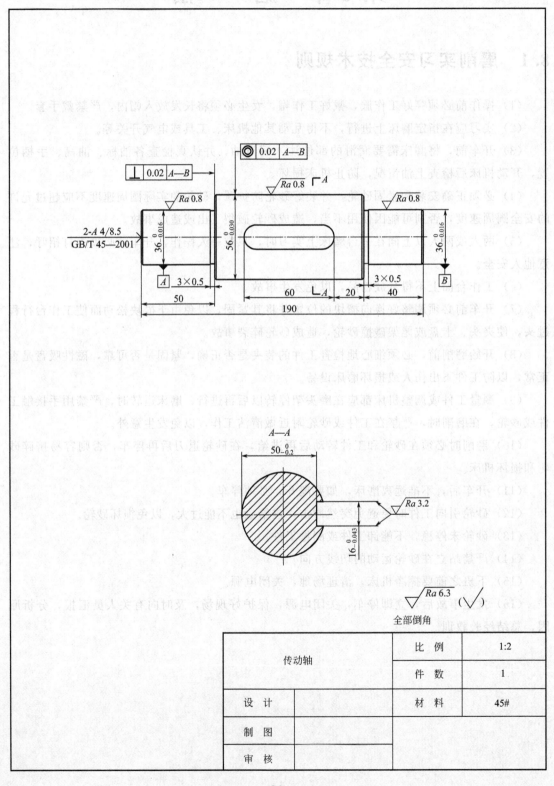

传动轴		比　例	1:2
		件　数	1
设　计		材　料	45#
制　图			
审　核			

（1）实习教学要求：了解磨床的组成、运动和用途，了解磨削加工所能达到的尺寸公差等级、表面粗糙度 Ra 值的范围及其测量方法。熟悉磨削的加工方法、操作方法，熟悉磨削传动轴的简单工艺安排。

序号	操作内容	加工简图	装夹工具
1	下料：略		略
2	车：略	略	略
3	磨 $\phi 56_{-0.03}^{0}$ 磨 $\phi 36_{-0.016}^{0} \times 50$ 采用综合磨法		死顶尖 拨盘 鸡心夹
4	掉头磨 $\phi 36_{-0.016}^{0} \times 40$ 采用横磨法		死顶尖 拨盘 鸡心夹
5	铣	略	略
6	检验	按零件图检验	

（2）考核标准：从工件质量、文明生产及操作技巧方面进行考核。

工件质量：				80 分
①尺寸精度	$\phi 36_{-0.016}^{0} \times 40$	20 分	每超差 0.01mm	扣 2 分
	$\phi 36_{-0.016}^{0} \times 50$	20 分	每超差 0.01mm	扣 2 分
	$\phi 56_{-0.03}^{0}$	20 分	每超差 0.01mm	扣 2 分
②粗糙度		20 分	每降 1 级	扣 2 分
文明生产：劳动态度端正、认真、严谨,工位整洁,工、量具取放有序				0～10 分
操作技巧:操作顺序得当、熟练,反应能力强				0～10 分

8.3 实习报告

(1) 什么是磨削？磨削原理是什么？（2分）

(2) 写出下图所示 M1432A 万能外圆磨床引线部分的名称和作用。（2分）

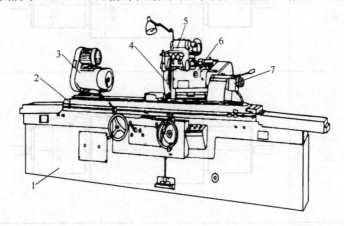

（3）磨削加工的特点是什么？（2分）

（4）砂轮的硬度是什么？磨粒的硬度高，砂轮的硬度就高吗？（2分）

*（5）分析磨外圆时，由哪些运动组成？磨床用的前后顶尖和车床用的顶尖有何不同？为什么？（4分）

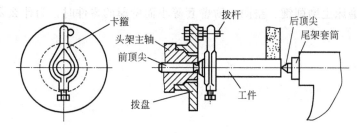

（6）简述磨外圆的方法和特点。（机类 4 分、非机类 6 分）

（7）在平面磨床上磨削键、垫圈、薄壁套等小而壁薄的零件时，为什么要在工件两端加挡铁？（2 分）

（8）比较平面磨削时周磨法和端磨法的优缺点。（机类 2 分、非机类 4 分）

8.4 磨削实习复习思考题

(1) 什么是磨削？磨削原理是什么？

(2) 磨削加工的特点是什么？

(3) 磨削加工的范围是什么？

(4) 磨削液的主要作用是什么？

(5) 表面粗糙度 Ra 值分别为 0.2、1.6、3.2 的外圆表面，哪一种必须经过磨削加工？

(6) 常见的磨床有几种？

(7) M1420 万能外圆磨床，在编号 M1420 中，字母和数字各表示什么意思？

(8) 外圆磨床由哪几部分组成？各有何功用？

(9) 磨床通常采用液压传动，有什么优点？

(10) 万能外圆磨床与普通外圆磨床的主要区别有哪些？

(11) 在外圆磨床上磨削 45♯钢时，应选用何种砂轮？

(12) 砂轮的硬度与磨料的硬度有何区别？

(13) 砂轮在安装前的静平衡的作用是什么？

(14) 如何修整砂轮？为什么要修整砂轮？

(15) 为什么要对中心孔进行修研？怎样修研？

(16) 外圆磨床上的两顶尖安装和车床上的两顶尖安装是否有区别？为什么？

(17) 外圆磨床和内圆磨床的主运动和进给运动是什么？有何差别？

(18) 常用磨削外圆的方法有几种？其特点是什么？

(19) 内孔磨削有什么特点？

(20) 圆锥面检验常用的量具是什么？

(21) 圆锥磨削有哪些方法？各有何特点？

(22) 常用磨削平面的方法有几种？各有何优缺点？

(23) 在平面磨床上磨削小工件时，为什么在工件两端要加挡铁？

第9章 钳 工

9.1 钳工实习安全技术规则

(1) 操作前必须穿好工作服，戴好工作帽，女生必须将长发放入帽内。

(2) 工作场地要保持整洁，毛坯、零件要摆放整齐、稳当，便于取放，并避免碰伤已加工表面。

(3) 不可用无柄锉刀、刮刀，手锤柄安装必须牢固。

(4) 虎钳装夹工件要牢固，以免松动发生事故。

(5) 用虎钳装夹工件时，工件应夹在钳口中部，以保证虎钳受力均匀。

(6) 夹紧工件时，不允许在手柄上加套管或用锤子敲击手柄，以防损坏虎钳丝杠或螺母上的螺纹。

(7) 使用砂轮刃磨时，要听从指导教师的安排，按操作规程进行。

(8) 锉屑必须用毛刷清理，不允许用嘴吹或手抹。

(9) 锯条张紧程度应适当，以免折断弹出伤人。

(10) 工件快锯断时，应减小压力并及时用手扶持，以免折断部分落下伤人或损坏工件。

(11) 锉削时，不要用手触摸锉削工件表面，以防再锉时锉刀打滑。

(12) 锉面堵塞后，用钢丝刷顺着锉纹方向刷去锉屑。

(13) 钻孔时，身体不要贴近主轴，不得戴手套，手中也不允许拿抹布。

(14) 钻通孔时，工件下面要垫上垫块或把钻头对准工作台空槽。

(15) 更换钻头必须等主轴停止转动后方可进行。松、紧钻夹头时要用钥匙，不能用锤敲打。

(16) 下班之前要擦净机床，清理场地，关闭电源。

(17) 发生事故后，立即停车，关闭电源，保护好现场，及时向指导教师汇报，分析原因，总结经验教训。

9.2　实习图纸与操作规范

9.2.1　六角尺

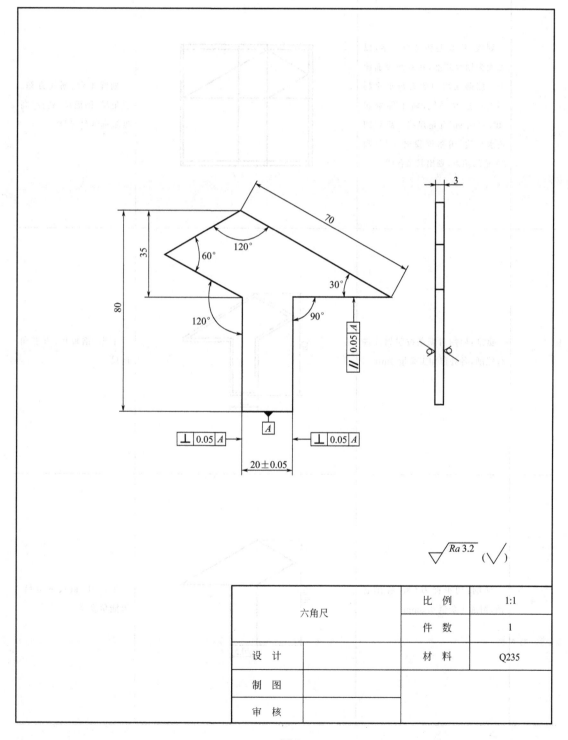

六角尺		比　例	1:1
		件　数	1
设　计		材　料	Q235
制　图			
审　核			

（1）实习教学要求：掌握划线、锯削、锉削的方法和应用，掌握钳工常用工具、量具的使用方法，能独立加工六角尺。熟悉六角尺的简单工艺安排。

序号	操作内容	加工简图	使用工具、量具
1	下料：85mm×95mm		钢板尺
2	划线：检查毛坯是否合格，以A面为划线基准，在划线表面涂上一层薄而均匀的石灰水涂料划出三道水平线，将工件翻转90°，并用90°直角尺找正后划四道水平线，用划规找出60°角和30°角的顶点，划出其余各线		划线平台、划线方箱、直角尺、钢板尺、划针、高度游标卡尺、划规
3	锯削：用细齿锯条按照划线进行锯削，各处留加工余量3mm	83 / 23	手锯、钢板尺、万能角度尺
4	锉削：用平锉刀（粗）锉削各面，留加工余量0.5mm	80.5 / 20.5	平锉刀（粗）、钢板尺、万能角度尺

序号	操作内容	加工简图	使用工具、量具
5	锉削:用平锉刀(中)锉削各面,留加工余量0.1mm	80.1 20.1	平锉刀(中)、游标卡尺、万能角度尺
6	锉削:用平锉刀(细)锉削各面,留加工余量0.05mm	80.05 20.05	平锉刀(细)、游标卡尺、万能角度尺
7	用方锉刀(细)锉削直角	90°	方锉刀、直角尺、万能角度尺
8	用油光锉对加工表面进行修光		油光锉
9	检验		游标卡尺、万能角度尺、百分表

（2）考核标准：从工件质量、文明生产及操作技巧方面进行考核。

工件质量：				80分
①工件成形				20分
②尺寸精度	(20±0.05)mm	10分	超差0.02mm	扣1分
	80mm	5分	超差0.02mm	扣1分
	35mm	5分	超差0.02mm	扣1分
③角度	120°、90°、60°、30°	20分	超差0.5°	扣1分
④平行度		5分	超差0.02mm	扣1分
⑤垂直度		10分	超差0.02mm	扣1分
⑥粗糙度		5分	每降1级	扣2分
文明生产：劳动态度端正、认真、严谨,工位整洁,工、量具取放有序				0~10分
操作技巧：操作顺序得当、熟练,反应能力强				0~10分

9.2.2 螺母

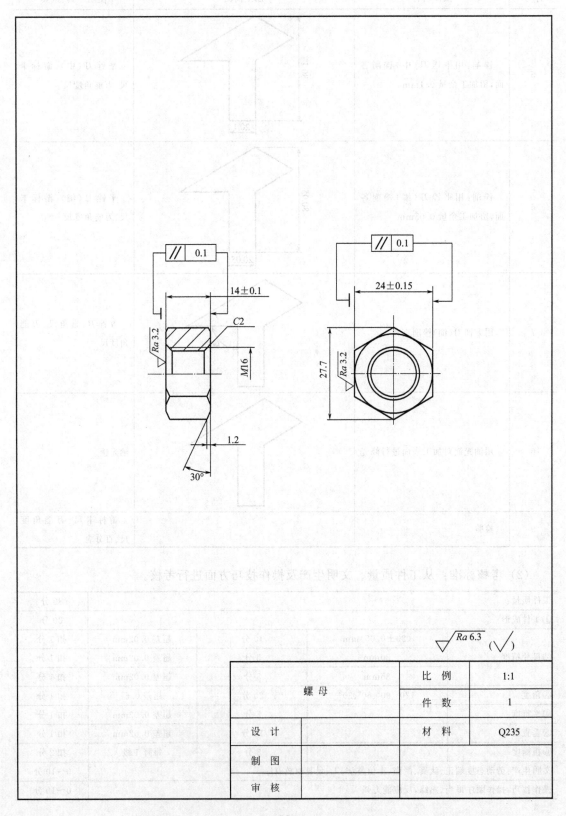

螺 母		比 例	1:1
		件 数	1
设 计		材 料	Q235
制 图			
审 核			

（1）实习教学要求：掌握划线、锉削、钻孔、攻丝的方法和应用，掌握钳工常用工具、量具的使用方法，了解钻床的组成、运动和用途。能独立加工螺母。熟悉螺母的简单工艺安排。

序号	操作内容	加工简图	使用工具、量具
1	下料： 尺寸为 ϕ30mm×16mm		游标卡尺、手锯
2	划线：检查毛坯是否合格，以中心线为划线基准，在划线表面涂上一层薄而均匀的石灰水涂料划出中心线，划出螺纹孔的中心，找出六个顶点，划出其余各线，打样冲眼		划线平台、划线方箱、钢板尺、划针、高度游标卡尺、划规、手锤、样冲
3	锉削：用平锉刀（粗）锉削螺母的六面及上下面，留加工余量0.5mm		平锉刀（粗）、钢板尺、万能角度尺
4	锉削：用平锉刀（中）锉削螺母的六面及上下面，留加工余量0.1mm		平锉刀（中）、游标卡尺、万能角度尺
5	锉削：用平锉刀（细）锉削螺母的六面及上下面，倒角30°，留加工余量0.05mm		平锉刀（细）、游标卡尺、万能角度尺

序号	操作内容	加工简图	使用工具、量具
6	用油光锉对加工表面进行修光		油光锉
7	钻孔:计算螺纹底孔直径,选择 $\phi 14mm$ 的钻头钻孔,倒角 $2 \times 45°$		钻头、游标卡尺
8	攻丝 $M16$		丝锥、铰杠
9	检验		游标卡尺、万能角度尺、百分表

（2）考核标准：从工件质量、文明生产及操作技巧方面进行考核。

工件质量：				80分
①工件成形				20分
②尺寸精度	$(24\pm0.1)mm$	20分	超差 0.02mm	扣1分
	$(14\pm0.1)mm$	20分	超差 0.02mm	扣1分
③平行度		10分	超差 0.02mm	扣1分
④粗糙度		10分	每降1级	扣2分
⑤螺纹	牙型不成形、尺寸不正确,牙型成形、尺寸正确			0~10分
文明生产:劳动态度端正、认真、严谨,工位整洁,工、量具取放有序				0~10分
操作技巧:操作顺序得当、熟练,反应能力强				0~10分

9.2.3 方锤

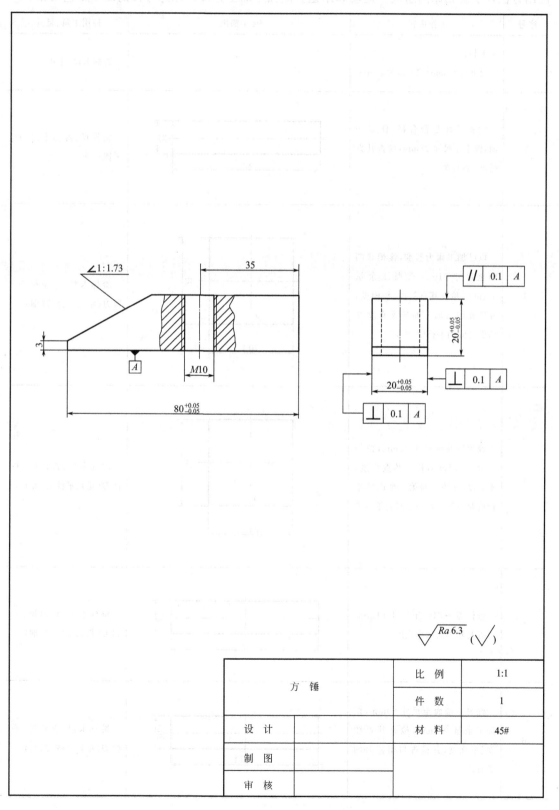

方 锤		比 例	1:1
		件 数	1
设 计		材 料	45#
制 图			
审 核			

（1）实习教学要求：掌握划线、锉削、钻孔的方法和应用，掌握钳工常用工具、量具的使用方法，了解钻床的组成、运动和用途。能独立加工方锤。熟悉方锤的简单工艺安排。

序号	操作内容	加工简图	使用工具、量具
1	下料： 尺寸为 22mm×22mm×82mm		游标卡尺、手锯
2	检查毛坯是否合格，任选一面，锉平至尺寸21mm，检查其直线度、平面度	21 82	钢板尺、游标卡尺、粗平锉
3	以已加工面为基准，锉相邻两面至尺寸21mm，留加工余量0.1mm，检查其直线度、平面度，并检查与已加工面的垂直度及两面之间的平行度	21 A 20.1	游标卡尺、直角尺、平锉刀（粗）、平锉刀（细）
4	锉第四面至尺寸20mm，留加工余量0.1mm，检查其直线度、平面度，并检查与第一个面的平行度及与相邻两面之间的垂直度	20.1 A 20.1	游标卡尺、直角尺、平锉刀（粗）、平锉刀（细）
5	锉任意一端面至尺寸81mm，检查与相邻面的垂直度	20.1 81	游标卡尺、直角尺、平锉刀（粗）、平锉刀（细）
6	锉另一端面至尺寸80mm，留加工余量0.1mm，检查其直线度、平面度，并检查与相邻面的垂直度	20.1 80.1	游标卡尺、直角尺、平锉刀（粗）、平锉刀（细）

续表

序号	操作内容	加工简图	使用工具、量具
7	划出斜线,锯出斜线,锉好斜面,留加工余量 0.1mm	∠1:1.73　20.1　3.1　80.1	划线平台、划规、钢板尺、划针、手锯、平锉刀(粗)、平锉刀(细)
8	用油光锉对加工表面进行修光	$80^{+0.05}_{-0.05}$　$20^{+0.05}_{-0.05}$　$20^{+0.05}_{-0.05}$	油光锉
9	划出 $M10$ 底孔的位置,打上样冲眼,钻 $\phi 8.4$mm 孔	35　$\phi 8.4$	划线平台、划线方箱、高度游标卡尺、样冲、手锤、钻头
10	攻螺纹 $M10$	$M10$	丝锥、铰杠
11	检验		游标卡尺、百分表、万能角度尺

（2）**考核标准**：从工件质量、文明生产及操作技巧方面进行考核。

工件质量:				80分
①尺寸精度	(80 ± 0.05)mm	20分	超差 0.02mm	扣1分
	(16 ± 0.05)mm	20分	超差 0.02mm	扣1分
②垂直度		10分	超差 0.02mm	扣1分
③平行度		10分	超差 0.02mm	扣1分
④斜度		10分	斜角超差 20′	扣2分
⑤粗糙度		10分	每降1级	扣2分
文明生产:劳动态度端正、认真、严谨,工位整洁,工、量具取放有序				0~10分
操作技巧:操作顺序得当、熟练,反应能力强				0~10分

9.3　实习报告

（1）什么叫钳工工作？它包括哪些基本操作？其应用范围如何？（2分）

（2）什么叫平面划线？什么叫立体划线？并写出常见的划线工具。（机类1分、非机类2分）

（3）写出手锯各部分名称并回答下列问题。（2分）

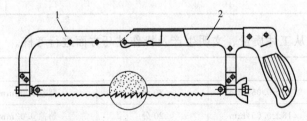

手锯粗齿锯条一般用于锯割_____，细齿锯条一般用于锯割_____。安装锯条时应注意_____

_____。锯割的操作要点是_____

_____

_____

_____ 。

（4）写出下图所示轴承座毛坯的划线步骤及所用工具。（2 分）

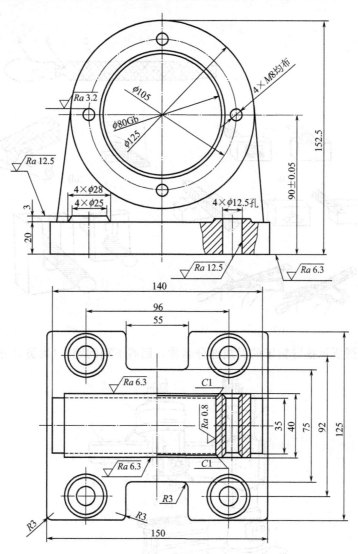

（5）写出下图所示锉刀各部的名称。并指出下列表面用哪种锉刀加工，用哪种锉削方法？（2分）

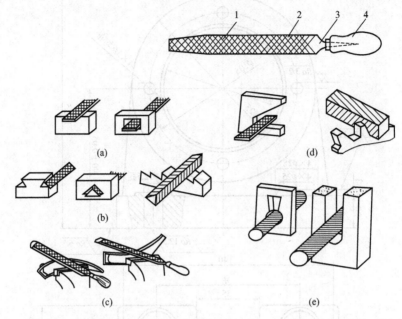

（6）写出下图所示摇臂钻床的引线部分名称，回答下列问题。（机类2分、非机类3分）

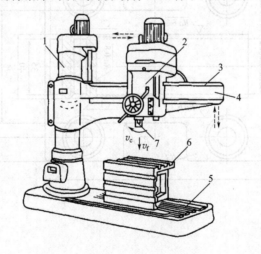

① 台式钻床的用途是 ＿＿＿＿＿＿＿＿＿＿＿＿＿＿＿＿＿＿＿＿＿＿＿＿＿＿＿ ；

立式钻床的用途是 ＿＿＿＿＿＿＿＿＿＿＿＿＿＿＿＿＿＿＿＿＿＿＿＿＿＿＿ ；

摇臂钻床的用途是 ＿＿＿＿＿＿＿＿＿＿＿＿＿＿＿＿＿＿＿＿＿＿＿＿＿＿＿

＿＿＿＿＿＿＿＿＿＿＿＿＿＿＿＿＿＿＿＿＿＿＿＿＿＿＿＿＿＿＿＿＿＿＿＿＿＿ 。

② 在钻床上进行孔加工时，一般工件固定不动，它的主运动是 ＿＿＿＿＿＿＿＿＿＿ ；
进给运动是 ＿＿＿＿＿＿＿＿＿＿＿＿＿＿＿＿＿＿＿＿＿＿＿＿＿＿＿＿＿＿ 。

（7）有一工件需加工 $M16$ 的内螺纹，螺纹有效长度为 30mm，材料 HT200，需选用多大的钻头钻孔，应钻多深？（1 分）

（8）在 Q235 棒料上欲套 $M12$ 的螺纹，其螺距 P 为 1.75mm，棒料的直径应多大？（1 分）

（9）简述刮削的特点。（1 分）

*（10）什么是装配？装配前的准备工作有哪些？（2 分）

（11）写出下图锤子的加工步骤，画出加工简图，写出加工内容，所用工具、量具。（4分）

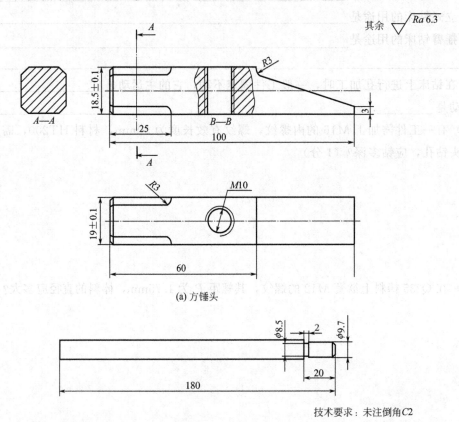

(a) 方锤头

(b) 方锤把

技术要求：未注倒角C2

序号	操作内容	加工简图	使用工具、量具
1			
2			
3			

续表

序号	操作内容	加工简图	使用工具、量具
4			
5			
6			
7			
8			
9			
10			
11			
12			
13			

9.4 钳工实习复习思考题

(1) 什么叫钳工工作？它包括哪些基本操作？

(2) 划线的作用是什么？

(3) 什么是划线基准？如何选择划线基准？

(4) 划线工具有几种？

(5) 划针和划规的用途有何不同？

(6) 为什么划线后要打样冲眼？打样冲眼的一般规则是什么？

(7) 试述零件立体划线的步骤？

(8) 锯条有哪些规格？在什么条件下使用？

(9) 安装手锯条时应注意什么？

(10) 有哪几种起锯方式？起锯时应注意哪些问题？

(11) 锯切圆棒、圆管的方法及注意事项是什么？

(12) 工件快要锯断时应注意哪些问题？

(13) 什么叫锉削？其加工范围包括哪些？

(14) 锉刀的种类有哪些？普通锉刀如何分类？

(15) 根据什么原则选择锉刀的粗细、大小和截面形状？

(16) 锉平工件的操作要领是什么？

(17) 怎样正确采用顺向锉法、交叉锉法和推锉法？

(18) 试述锉削平面与曲面的方法是什么？

(19) 台钻、立钻和摇臂钻床的结构和用途有何不同？

(20) 麻花钻的切削部分和导向部分的作用分别是什么？

(21) 钻孔、扩孔与铰孔各有什么区别？

(22) 什么叫攻螺纹？什么叫套螺纹？

(23) 用头锥攻螺纹时，为什么要轻压旋转？而丝锥攻入后，为什么可不加压，且应时常反转？

(24) 攻螺纹前的工件底孔直径如何计算？

(25) 套螺纹前的工件直径怎样确定？

(26) 攻螺纹、套螺纹操作中要注意些什么问题？

(27) 刮削有什么特点和用途？

(28) 刮削工具有哪些？如何正确使用？

(29) 粗刮、精刮、细刮有什么区别？

(30) 刮削后表面精度怎样检查？

(31) 什么叫装配？如何装配滚珠轴承？应注意哪些事项？

第10章 数控车削

10.1 数控车削实习安全技术规则

（1）操作者必须穿工作服、戴安全帽。长发须放入帽内，不能戴手套操作，以防发生人身事故。

（2）当一人操作机床时要注意他人安全，禁止多人同时操作一台机床。

（3）卡盘扳手使用完毕后，必须及时取下，否则不能启动数控车床。

（4）机床运转时，头部不要离工件太近，手和身体不能靠近正在旋转的工件。

（5）主轴启动前一定要关好防护门，程序运行期间严禁打开防护罩。

（6）机床转动时，不能进行测量，不能用手接触工件。

（7）手动对刀时，应该选择合适进给速度，使用手脉时，动作要均匀，同时注意掌握好进刀与退刀方向，切勿搞错。手动换刀时刀架离工件要有足够的转位距离。

（8）操作人员必须按照机床各项操作的加工参数编制加工程序，加工程序必须严格检查后方可运行。

（9）加工过程中如发现异常危机可按［急停］按钮，以保证人身和设备的安全，发生事故时，要立即关闭车床电源。

（10）机床发生事故后操作者要保留现场，及时向指导教师汇报，分析原因，总结经验教训。

（11）不得随意修改数控系统内部制造厂家参数。

（12）工作完后应切断电源，清扫切屑，擦净机床，在导轨面上加注润滑油，打扫现场卫生。

10.2　实习图纸与操作规范

10.2.1　印章车削加工工艺

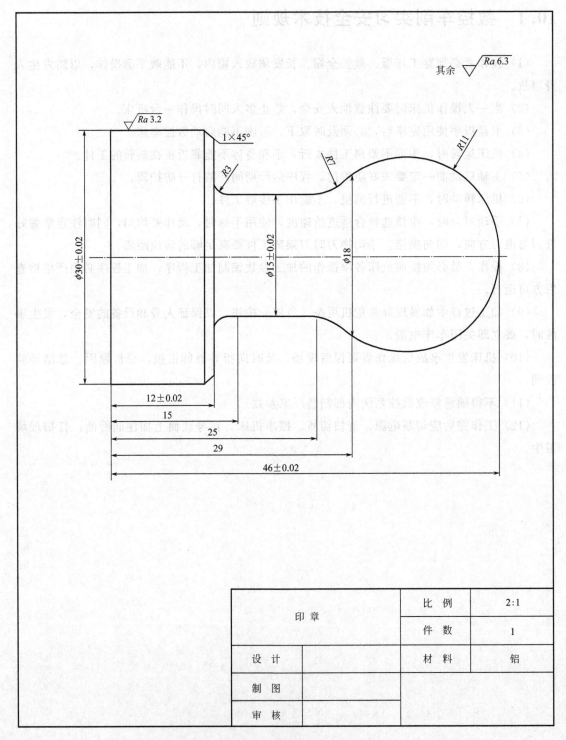

（1）实习教学要求：了解轴类零件的装夹方法，掌握数控车削外圆、端面、倒角、圆弧的方法。了解数控车削加工所能达到的尺寸公差等级及其测量方法。熟悉数控车削轴类零件的简单工艺安排。

实践操作内容如下所述。

① 工艺分析：

a. 下料装夹时，选用直径 $\phi32\text{mm}$ 的铝棒；将棒料装夹到数控车床的三爪卡盘上，根据图纸分析，零件露出的长度要大于加工长度，找正后固定并夹紧零件。

b. 选择刀具时，选择一把 30°外圆车刀进行粗加工和精加工，选择一把切断刀进行零件切断。

c. 根据零件表面粗糙度要求，粗加工主轴转速为 500r/min，精加工时主轴转速为 800r/min，零件切断时转速为 300r/min。

② 建立工件坐标系：

a. 选择任意一把刀，使刀具从试切点沿 X 负方向切削。

b. 在 Z 轴不动的情况下沿 X 轴退出刀具，并且停止主轴旋转。

c. 按刀补键进入刀具偏置界面，选择刀偏设置页面，在对应的刀具偏置号里面输入 Z0。

d. 使刀具从试切点沿 Z 负方向切削。

e. 在 X 轴不动的情况下，沿 Z 轴退出刀具，并且停止主轴旋转，测量直径 d（假定 $d=25$）。

f. 按键进入刀具偏置界面，选择刀偏设置页面，在对应的刀具偏置号里面输入 X25。

g. 移动刀具至安全换刀位置，换另一把刀，其他刀具建立工件坐标系（对刀）的方法重复步骤 a～g。

③ 编辑程序：工件坐标系设在零件右端面的中心位置，编制零件的加工程序，包括粗加工、精加工和切断。

④ 检查程序：利用数控车床空运行和图形功能检验程序是否正确。

⑤ 加工零件：关闭安全门，运行程序，加工零件。

⑥ 检验零件：采用测量工具检验零件的尺寸满足图纸要求。

序号	操作步骤	数控车削加工简图	实践操作要求
1	工艺分析；下棒料；确定加工参数	70 φ32	①下棒料 φ32×70mm，找正后用三爪卡盘夹紧； ②根据零件尺寸选择外圆车刀和切断刀； ③粗加工主轴转速为 500r/min，精加工转速为 800r/min，零件切断时转速为 300r/min
2	对刀，建立工件坐标系	Z X	采用试切法对刀，建立工件坐标系，对刀时主轴转速为 300r/min
3	粗加工	1×45° R2 R6 R12 φ31 φ16 φ19 12 14 22 26 46	编制零件的粗加工程序： ①调用粗加工切削刀具； ②定义主轴转速； ③打开冷却液； ④定位刀具到离工件最近的点，不碰到工件； ⑤使用轴向粗车循环 G71 指令进行粗车加工

续表

序号	操作步骤	数控车削加工简图	实践操作要求
4	精加工		编制零件的精加工程序： ①移动刀具到安全位置准备换刀； ②调用精加工切削刀具； ③定义精加工主轴转速； ④定位刀具到离工件最近的点，不碰到工件； ⑤使用精车循环 G70 指令进行精加工
5	切断		编制零件的切断程序： ①移动刀具到安全位置准备换刀； ②调用切断零件所用的刀具； ③定义切断时主轴转速； ④定位刀具到切断位置； ⑤进行零件的切断； ⑥将刀具退到安全位置； ⑦关闭冷却液； ⑧程序结束
6	检验		零件的尺寸精度满足图纸要求

（2）考核标准：从工件质量、加工程序、文明生产及操作技巧方面进行考核。

工件质量：				60 分
①外圆	$\phi(30\pm0.02)$mm	15 分	超差 0.02mm	扣 1 分
	$\phi(15\pm0.02)$mm	15 分	超差 0.02mm	扣 1 分
②长度	(12 ± 0.02)mm	10 分	超差 0.02mm	扣 1 分
	(46 ± 0.02)mm	10 分	超差 0.02mm	扣 1 分
③圆弧	SR11	5 分	超差 0.02mm	扣 1 分
④粗糙度	Ra3.2	5 分	每降一级	扣 1 分
加工程序：正确理解各编程代码的含义，程序编写规范、正确				0～30 分
文明生产：劳动态度端正、认真、严谨，工位整洁，工、量具取放有序				0～5 分
操作技巧：操作顺序得当、熟练，反应能力强				0～5 分

10.2.2　手柄车削加工工艺

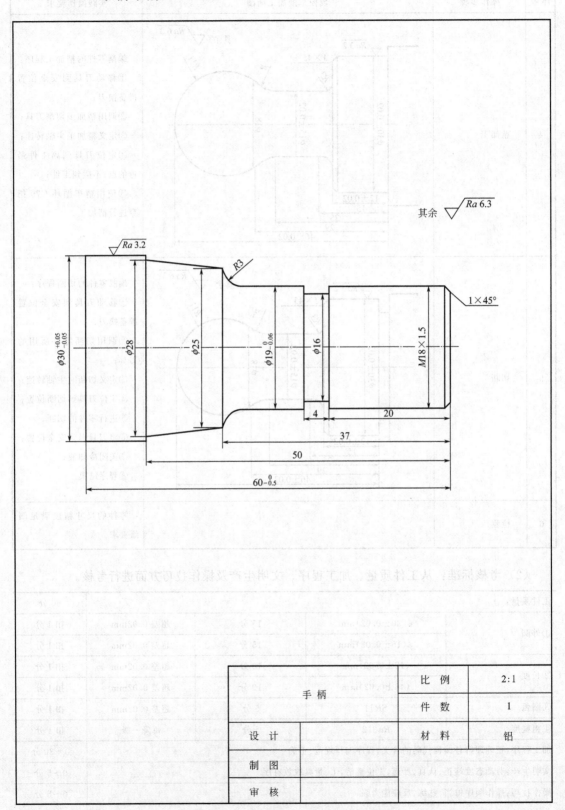

手 柄		比　例	2:1
		件　数	1
设　计		材　料	铝
制　图			
审　核			

（1）实习教学要求：了解轴类零件的装夹方法，掌握数控车削外圆、端面、锥面、螺纹、圆弧、沟槽的方法。了解数控车削加工所能达到的尺寸公差等级及其测量方法。熟悉数控车削轴类零件的简单工艺安排。

实践操作内容如下所示。

① 工艺分析：

a. 下料装夹时选用直径 $\phi32mm$ 的铝棒；将棒料装夹到数控车床的三爪卡盘上，根据图纸分析，零件露出的长度要大于加工长度，找正后固定并夹紧零件。

b. 选择刀具时选择一把 30°外圆车刀进行粗加工和精加工；选择一把外螺纹刀加工螺纹；选择一把切断刀进行零件切断。

c. 根据零件表面粗糙度要求，粗加工主轴转速为 500r/min；精加工时主轴转速为 800r/min；切削螺纹时转速为 300r/min，零件切断时转速为 300r/min。

② 建立工件坐标系：

a. 选择任意一把刀，使刀具从试切点沿 X 负方向切削。

b. 在 Z 轴不动的情况下沿 X 轴退出刀具，并且停止主轴旋转。

c. 按刀补键进入刀具偏置界面，选择刀偏设置页面，在对应的刀具偏置号里面输入 Z0。

d. 使刀具从试切点沿 Z 负方向切削。

e. 在 X 轴不动的情况下，沿 Z 轴退出刀具，并且停止主轴旋转；测量直径 d（假定 $d=25$）。

f. 按键进入刀具偏置界面，选择刀偏设置页面，在对应的刀具偏置号里面输入 X25。

g. 移动刀具至安全换刀位置，换另一把刀，其他刀具建立工件坐标系（对刀）的方法重复步骤 a～g。

③ 编辑程序：坐标系设在零件右面的中心位置，编制零件的加工程序，包括粗加工、精加工、螺纹加工和切断。

④ 检查程序：利用数控车床空运行和图形功能检验程序是否正确。

⑤ 加工零件：关闭安全门，运行程序，加工零件。

⑥ 检验零件：采用测量工具检验零件的尺寸满足图纸要求。

序号	操作步骤	数控车削加工简图	实践操作要求
1	工艺分析；下棒料；确定加工参数	70 φ32	①下棒料 φ32×70mm，找正后用三爪卡盘夹紧； ②根据零件尺寸选择外圆车刀、螺纹刀和切断刀； ③粗加工主轴转速为500r/min，精加工转速为800r/min，切削螺纹时转速为300r/min，零件切断时转速为300r/min
2	对刀，建立工件坐标系	Z X	采用试切法建立工件坐标系，对刀时主轴转速为300r/min
3	粗加工	R2 φ31 φ29 φ24 φ20 φ19 1×45° 23.5 36.5 49.5 59.5	编制零件的粗加工程序： ①调用粗加工切削刀具； ②定义主轴转速； ③打开冷却液； ④定位刀具到离工件最近的点，不碰到工件； ⑤使用轴向粗车循环G71指令进行粗车加工
4	精加工	Ra 3.2 其余 Ra 6.3 R3 φ30$_{-0.05}^{+0.05}$ φ28 φ25 φ19$_{-0.06}^{0}$ φ18 1×45° 24 37 50 60	编制零件的精加工程序： ①移动刀具到安全位置准备换刀； ②调用精加工切削刀具； ③定义精加工主轴转速； ④定位刀具到离工件最近的点，不碰到工件； ⑤使用精车循环G70指令进行精加工

序号	操作步骤	数控车削加工简图	实践操作要求
5	螺纹加工		编制加工螺纹的程序： ①移动刀具到安全位置准备换刀； ②调用加工螺纹所用的刀具； ③定义加工螺纹时主轴转速； ④定位刀具到离工件最近位置,但不能碰到工件； ⑤定位刀具到螺纹加工的起刀点； ⑥使用螺纹加工指令G92进行螺纹加工
6	切槽与切断		编制切槽和切断程序： ①移动刀具到安全位置准备换刀； ②调用切槽和切断零件所用的刀具； ③定义切断时主轴转速； ④定位刀具到切槽位置； ⑤加工切槽； ⑥定位刀具到切断位置； ⑦零件切断； ⑧将刀具退到安全位置； ⑨关闭冷却液； ⑩程序结束
7	检验		零件的尺寸精度满足图纸要求

（2）考核标准：从工件质量、加工程序、文明生产及操作技巧方面进行考核。

工件质量：				60分
①外圆	$\phi 30^{+0.05}_{-0.05}$ mm	10分	超差0.02mm	扣2分
	$\phi 19^{0}_{-0.06}$ mm	15分	超差0.02mm	扣2分
②长度	$60^{0}_{-0.5}$ mm	10分	超差0.02mm	扣2分
③圆弧	$R3$	10分	超差0.02mm	扣1分
④粗糙度	$Ra3.2$	5分	每降一级	扣1分
⑤螺纹		10分	牙型不成型、尺寸不正确	0~10分
加工程序：正确理解各编程代码的含义,程序编写规范、正确				0~30分
文明生产：劳动态度端正、认真、严谨,工位整洁,工、量具取放有序				0~5分
操作技巧：操作顺序得当、熟练,反应能力强				0~5分

10.3　实习报告

（1）填空题（2分）

① 数控零件加工程序的输入必须在 _____ 模式下进行。

② 建立工件坐标系的操作是 _____ 操作。

③ 刀具远离工件的方向是坐标系的 _____ 方向。

④ MDI 表示 _____ 方式。

（2）选择题（2分）

① 数控车床与普通车床相比，在结构上差别最大的部件是（　　）。

A. 刀架　　　　　B. 床身　　　　　C. 主轴箱　　　　　D. 进给传动

② 数控车床的主轴方向为（　　）。

A. X 轴　　　　　B. Z 轴　　　　　C. Y 轴　　　　　D. 都不是

③ 在有刀具补偿的情况下换三号刀的代码（　　）。

A. T0300　　　　B. T03　　　　　C. T0303　　　　　D. T0301

④ 下列哪个指令是程序结束指令（　　）。

A. M03　　　　　B. M04　　　　　C. M00　　　　　D. M30

（3）简答题（共16分）

① 数控车床的主要结构是什么？数控机床与普通机床加工相比有哪些特点？（2分）

② 数控车床加工工艺的制定方法？（2 分）

③ 写出下列编程指令功能及格式？（机类 2 分、非机类 3 分）

指令	指令功能	指令格式
G00		
G01		
G02		
G03		
G71		
G70		

④ 数控车床加工什么类型的零件？要求列举出不少于 5 个数控车床加工范围内的例子，如车端面？（2分）

⑤ 根据数控车对刀（建立工件坐标系）示意图，写出试切法对刀的步骤。（机类 2 分、非机类 4 分）

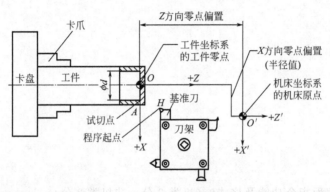

对刀步骤	操作内容
1	选择任意一把刀,使刀具从试切点（　　）沿（　　）方向切削
2	在（　　）轴不动的情况下沿（　　）轴退出刀具,并且停止主轴旋转
3	按（　　）键进入刀具偏置界面,选择刀偏设置页面,刀具偏置号里面输入（　　）
4	使刀具从试切点（　　）沿（　　）方向切削
5	在（　　）轴不动的情况下,沿（　　）轴退出刀具,并且停止主轴旋转
6	测量直径 d（假定 $d=15$）
7	按键进入刀具偏置界面,选择（　　　　　）页面,在对应刀具的偏置号里面输入（　　　　）
8	移动刀具至（　　　　），换另一把刀,其他刀具对刀方法重复步骤 1～7

⑥ 编写下图所示零件的加工程序，毛坯为 $\phi32mm\times60mm$ 的铝棒？（3 分）

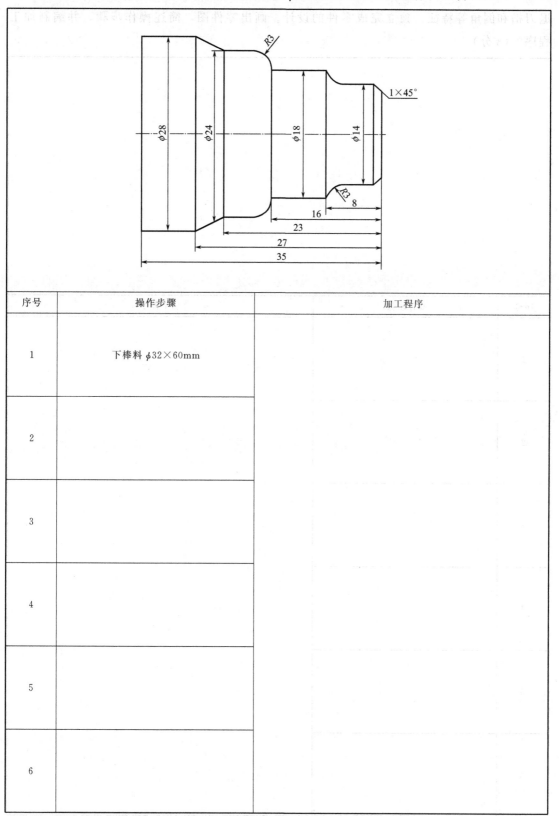

序号	操作步骤	加工程序
1	下棒料 $\phi32\times60mm$	
2		
3		
4		
5		
6		

　*⑦ 创新练习,自主设计一个轴类零件,要求包含圆柱面、圆锥面、圆弧面、螺纹、退刀槽和倒角等特征,独立完成零件的设计。画出零件图,简述操作步骤,并编制加工程序?（3分）

序号	操作步骤	加工程序
1		
2		
3		
4		
5		
6		

10.4　数控车削实习复习思考题

(1) 数控车床的基本工作原理是什么？

(2) 数控车床的数控系统包括哪几个部分？

(3) 写出数控车床加工程序的格式是什么？

(4) 数控车床有何特点？

(5) 简述 G00 与 G01 指令的主要区别。

(6) 数控车床加工零件应遵循的工艺原则是什么？

(7) 数控车床加与普通车床加工有何异同？

(8) 简述数控车床加工零件的工艺流程。

(9) 简述数控车床的分类。

(10) 什么是模态代码？什么是非模态代码？

(11) 广州数控系统，圆弧插补指令 G02、G03 如何判断？

(12) 数控车床加工的对象主要有哪些？

(13) 数控车削加工中粗加工与精加工的区别是什么？

第 11 章 数控铣削与加工中心

11.1 数控铣削与加工中心实习安全技术规则

(1) 进入实训中心实习时,要穿好工作服,袖口要扎紧,衬衫要系入裤内。女同学要戴安全帽并将长发放入帽内。不得穿凉鞋、拖鞋、高跟鞋、背心、裙子和戴围巾进入车间。

(2) 工作场地严禁打闹,上机床操作前严禁饮酒,如发现反常现象或身体不适(如头晕等)不能上机床操作。

(3) 数控机床开关机顺序一定要按照机床说明书的规定操作,开机后必须返回机床参考点操作。

(4) 机床运转时,头部不要离工件太近,手和身体不能靠近正在旋转的工件。

(5) 主轴启动前一定要关好防护门,程序运行期间严禁打开防护罩。

(6) 机床转动时,不能进行测量,不能用手接触工件。

(7) 手动对刀时,应该选择合适进给速度,使用手脉时,动作要均匀,同时注意掌握好进刀与退刀方向,切勿搞错。手动换刀时刀架离工件要有足够的转位距离。

(8) 操作人员必须按照机床各项操作的加工参数编制加工程序,加工程序必须严格检查后方可运行。

(9) 加工过程中如发现异常危机可按 [急停] 按钮,以保证人身和设备的安全。

(10) 机床发生事故后操作者要保留现场,及时向指导教师汇报,分析原因,总结经验教训。

(11) 不得随意修改数控系统内部制造厂家参数。

(12) 工作完后应切断电源,清扫切屑,擦净机床,在导轨面上加注润滑油,打扫现场卫生。

11.2 实习图纸与操作规范

11.2.1 压板铣削加工工艺

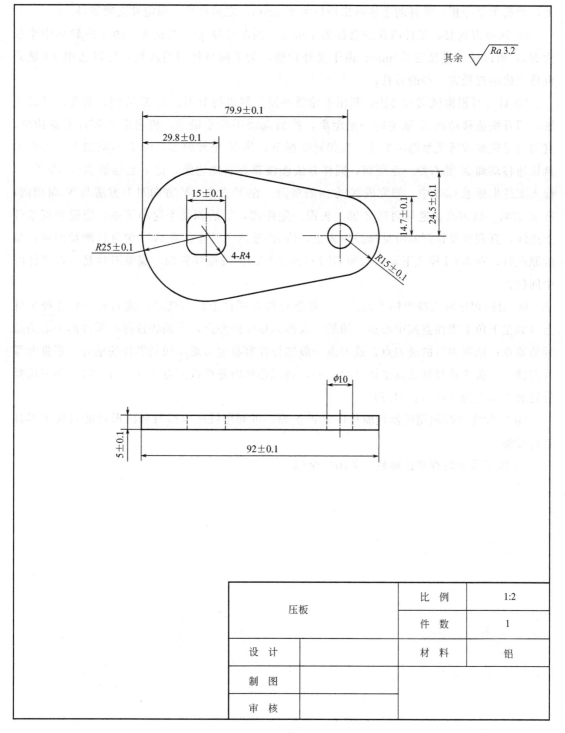

其余 $\sqrt{Ra\,3.2}$

		比 例	1:2
压板		件 数	1
设 计		材 料	铝
制 图			
审 核			

119

（1）实习教学要求：了解工件的装夹方法；熟悉数控铣床加工零件的简单工艺安排；掌握数控铣床直线、圆弧、外轮廓、内轮廓、钻孔等常用指令的建立；了解数控铣床加工所能达到的精度及其测量方法。

实践操作内容及工艺分析：

① 下料装夹时，下板料 100mm×100mm×15mm 的铝板；将板料用平口钳装夹在铣床上，根据图纸分析，零件的毛坯露出钳口大于 5mm，之后找平、固定并夹紧零件。

② 选择刀具时，工件内孔的直径为 10mm，因此选择 $\phi 10$ 的钻头；由于内轮廓中半径为 $R4$，所以铣刀直径应≤8mm；由于是外轮廓，为了减少换刀的次数，可以选用 $\phi 8$ 铣刀也可以选用直径大一些的刀具。

③ 对刀时根据试切对刀法，利用手轮脉冲发生器进行对刀。在 X 方向，首先，开动主轴，刀具快速移动到 X 轴左侧一定距离，然后调动手轮小倍率，慢慢靠近零件左侧边缘，直到看见铁削或听见摩擦声为止，在相对坐标下，将 X 坐标归零，沿 Z 方向退刀，再将刀具快速移动到 X 轴右侧一定距离，同样方法慢慢靠近右侧边缘，记下坐标值 X_1，将 $X_1/2$ 输入工件坐标系 G54 中，即完成 X 方向的对刀。在 Y 方向，Y 方向对刀方法与 X 向相同；在 Z 方向，将刀具快速移动到 Z 轴上表面一定距离，然后调动手轮小倍率，慢慢靠近零件上边缘，直到看见铁削或听见摩擦声为止，将 Z0 输入工件坐标系 G54 中进行测量即可；检验原点时，在 MDI 模式下输入 G90 G54 G00 X0 Y0，按循环启动，观察刀具是否在零件的中间位置。

④ 编辑程序时选择坐标系原点，一般原点可在零件上任意选定，编制时一般选择工件上（如左下角上表面点或中心点）的某一点作为程序的原点，本编程选择在零件的中心为编程的原点；选择刀具的进刀点，进刀点一般选择在容易进刀而不切到零件的地方，根据此零件的特点，首先选择钻孔点坐标（31，0），第二选择内轮廓进刀点为（−21，0），第三选择外轮廓进刀点为（12.1，14.7）。

⑤ 检验零件时利用机器检验程序是否正确；可利用铣床空运行和图形功能对加工零件进行检验。

⑥ 加工零件时程序正确后，关闭安全门。

序号	操作内容	加工图纸	程序
1	下料装夹,选择刀具,对刀		
2	在 P 点加工 φ10 的孔,用 φ10 的钻头		M03 S1000;(主轴正转,转速1000) M08;(冷却液开) G90 G54 G00 X0 Y0;(快速定位到X0,Y0) Z50;(刀具快速定位到高度50) G81 G99 X31 Y0 Z－5 R5 F50;(在 P 点钻孔循环,抬回 R 点) G80 X0 Y0;(取消钻孔循环) G00 Z100;(将刀抬到 100 的高度) M09;(冷却液关) M30;(主轴停)
3	加工内轮廓 R4 的图形,用 φ8 的铣刀,此步骤必须停主轴换刀(由于刀具是顺时针旋转,铣内轮廓一般逆时针)		M03 S1000; M08; G90 G54 G00 X0 Y0;(快速定位到X10,Y10) Z50; G00 X－21 Y0;(刀快速移动到点 W 位置) Z5;(刀快速下到 Z5 的位置) G01 Z－5 F200;(刀慢速下降到铣削的深度) G41 G01 X－13.5 Y3.5;001(直线插补移动到 A 点) G03 X－17.5 Y7.5 R4;(逆时针圆弧插补到 B 点) G01 X－24.5 Y7.5; G03 X－28.5 Y3.5 R4; G01 X－28.5 Y－3.5; G03 X－24.5 Y－7.5 R4; G01 X－17.5 Y－7.5; G03 X－13.5 Y－3.5 R4; G01 X－13.5 Y3.5; G01 X－21 Y0; G00 Z50; G40 X0 Y0;

121

序号	操作内容	加工图纸	程序
4	加工外轮廓,用φ8的铣刀,此步骤可直接使用上步骤的φ8的刀具(由于刀具是顺时针旋转,铣外轮廓一般顺时针)		G00 X−16.2 Y50;(将刀移动到零件的外侧) G01 Z−5 F200; G41 G01 X−16.2 Y24.5;001(从外侧移动到 R 点) X33.9 Y14.7;(从 R 点到 F 点) G02 X33.9 Y−14.7 R15;(从 F 点顺时针插补 E 点) G01 X−16.2 Y−24.5;(E 到 C) G02 X−16.2 Y24.5 R−25;(C 到 R) G01 X−16.2 Y50;(R 点返回到外侧) G00 Z100; G40 X0 Y0; M09; M30
5	检验零件		可利用铣床空运行和图形功能对加工零件进行检验
6	加工零件		将模式切换到自动模式,按动循环启动按钮即可

(2) 考核标准:从工件质量、加工程序、文明生产及操作技巧方面进行考核。

工件质量:				50分
①钻孔	(10±0.05)mm	10分	超差0.05mm	扣2分
②内轮廓	(15±0.05)mm	10分	超差0.05mm	扣2分
	R4±0.05mm	10分	超差0.05mm	扣2分
③外轮廓	R15	5分	超差0.05mm	扣1分
	R25	5分	超差0.05mm	扣1分
④粗糙度	Ra3.2	10分	每降一级	扣2分
加工程序:①选择正确原点、进刀点;②能理解各编码的含义,并正确地使用编程代码进行编程;③无明显的格式错误				0~40分
文明生产:劳动态度端正、认真、严谨,工位整洁,工、量具取放有序				0~5分
操作技巧:操作顺序得当、熟练,反应能力强				0~5分

11.2.2 盖板铣削加工工艺 *

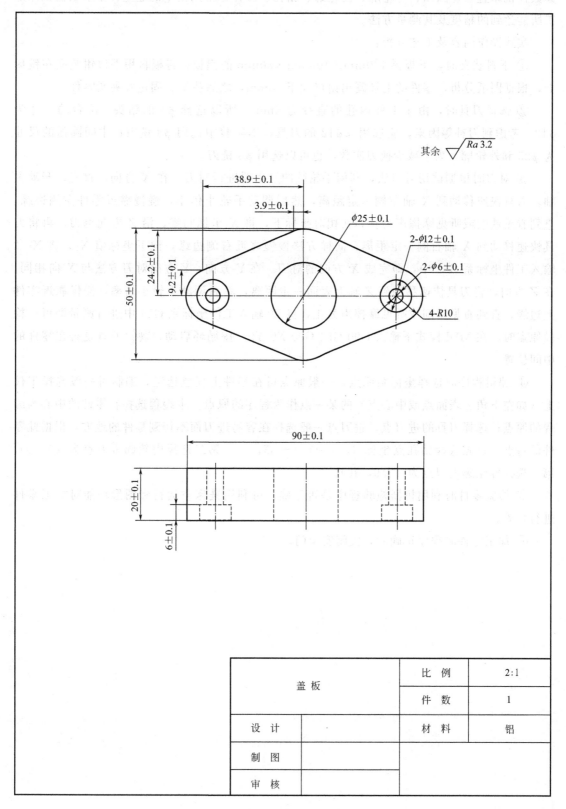

		比 例	2:1
盖板		件 数	1
设 计		材 料	铝
制 图			
审 核			

（1）实习教学要求：了解工件的装夹方法；熟悉数控铣床加工零件的简单工艺安排；掌握数控铣床直线、圆弧、外轮廓、内轮廓、钻孔、刀补等常用指令的建立；了解数控铣床加工所能达到的精度及其测量方法。

实践操作内容及工艺分析：

① 下料装夹时，下板料 100mm×100mm×30mm 的铝板；将板料用平口钳装夹在铣床上，根据图纸分析，零件的毛坯露出钳口大于 20mm，之后找平、固定并夹紧零件。

② 选择刀具时，由于工件内孔的直径为 6mm，所以选择 $\phi6$ 的钻头；沉台的尺寸为 $\phi12$，考虑到刀补等因素，应选用 $<\phi12$ 的刀具，本实验中选用 $\phi8$ 铣刀；中间圆弧的尺寸为 $\phi25$ 和外轮廓，为了减少换刀次数，也可以选用 $\phi8$ 铣刀。

③ 对刀时根据试切对刀法，利用手轮脉冲发生器进行对刀。在 X 方向，首先，开动主轴，刀具快速移动到 X 轴左侧一定距离，然后调动手轮小倍率，慢慢靠近零件左侧边缘，直到看见铁削或听见摩擦声为止，在相对坐标下，将 X 坐标归零，沿 Z 方向退刀，再将刀具快速移动到 X 轴右侧一定距离，同样方法慢慢靠近右侧边缘，记下坐标值 X_1，将 $X_1/2$ 输入工件坐标系 G54 中，即完成 X 方向的对刀。在 Y 方向，Y 方向对刀方法与 X 向相同。在 Z 方向，将刀具快速移动到 Z 轴上表面一定距离，然后调动手轮小倍率，慢慢靠近零件上边缘，直到看见铁削或听见摩擦声为止，将 Z0 输入工件坐标系 G54 中进行测量即可；检验原点时，在 MDI 模式下输入 G90 G54 G00 X0 Y0，按循环启动，观察刀具是否在零件的中间位置。

④ 编辑程序时选择坐标系原点，一般原点可在零件上任意选定，编制时一般选择工件上（如左下角上表面点或中心点）的某一点作为程序的原点，本编程选择在零件的中心为编程的原点；选择刀具的进刀点，进刀点一般选择在容易进刀而不切到零件的地方，根据此零件的特点，首先选择钻孔点坐标（35，0）（－35，0），第二选择内轮廓进刀点为（0，0），第三选择外轮廓进刀点为（3.9，40）。

⑤ 检验零件时利用机器检验程序是否正确；可利用铣床空运行和图形功能对加工零件进行检验。

⑥ 加工零件时程序正确后，关闭安全门。

序号	操作内容	加工图纸	程序
1	下料装夹,选择刀具,对刀		
2	在 A 点、B 点加工 $\phi6$ 的孔,用 $\phi6$ 的钻头		M03 S1000;(主轴正转,转速1000) M08;(冷却液开) G90 G54 G00 X0 Y0;(快速定位到 X0,Y0) Z50;(刀具高度 50) G83 G99 X−35 Y0 Z−20 R5 Q2 F50;(在 A 点钻孔循环,回 R 点) X35 Y0;(在 B 点钻孔循环,回 R 点) G80 X0 Y0;(取消钻孔循环) G00 Z100;(将刀抬到 100 的高度) M09;(冷却液关) M30;(主轴停)
3	加工沉台,用 $\phi8$ 的铣刀,此步骤必须停止主轴换刀(由于刀具是顺时针旋转,铣内轮廓一般逆时针)		M03 S1000; M08; G90 G54 G00 X35 Y0;(快速定位到 X35,Y0) Z50;(快速到刀具高度 50) Z5;(刀快速下到 Z5 的位置) G01 Z−6 F200;(刀慢速下降到铣削的深度) G41 D01 G01 X41 Y0;(从 B 点左半径补偿到 K 点) G03 X41 Y0 I−6 J0;(从 K 点逆时针圆弧插补到 K 点) G00 G40 Z100;(取消圆弧插补,刀具抬到 100 的位置) G00 X−35 Y0;(快速定位 A 点) G01 Z−6; G41 D01 G01 X−29 Y0;(从 A 点左半径补偿到 H 点) G03 I−6; G00 G40 Z100

序号	操作内容	加工图纸	程序
4	加工内圆,用 φ8 的铣刀,此步骤可直接使用上步骤的 φ8 的刀具(由于刀具是顺时针旋转,铣内轮廓一般逆时针)		G00 X0 Y0;(定位到 O 点) G01 Z−5 F200; G41 D01 G01 X−12.5 Y0;(从 O 点刀具半径补偿到起点 N) G03 I12.5 J0;(逆时针圆弧插补到 N 点) G40 G01 X0 Y0; G00 Z100
5	加工外轮廓,用 φ8 的铣刀,此步骤可直接使用上步骤的 φ8 的刀具		G00 X3.9 Y50;(刀具快速定位到轮廓外侧) G01 Z−5 F200; G41 D01 G01 X3.9 Y24.2;(从外侧刀具半径补偿到 F 点) X38.9 Y9.2;(从 F 点到 U 点) G02 X38.9 Y−9.2 R10;(从 U 点顺时针圆弧插补到 E 点) G01 X3.9 Y−24.2; G02 X−3.9 Y−24.2 R10; G01 X−38.9 Y−9.2; G02 X−38.9 Y9.2 R10; G01 X−3.9 Y24.2; G02 X3.9 Y24.2 R10; G40 G01 X3.9 Y50; G00 Z100; M09;(冷却液关) M30;(主轴停)
6	检验零件		可利用铣床空运行和图形功能对加工零件进行检验
7	加工零件		将模式切换到自动模式,按动循环启动按钮即可

（2）考核标准：从工件质量、加工程序、文明生产及操作技巧方面进行考核。

工件质量：				50 分
①钻孔	(6±0.05)mm	10 分	超差 0.05mm	扣 2 分
②沉台	(12±0.05)mm	10 分	超差 0.05mm	扣 2 分
②内轮廓	(25±0.05)mm	10 分	超差 0.05mm	扣 2 分
③外轮廓	$R10$	10 分	超差 0.05mm	扣 2 分
④粗糙度	$Ra3.2$	10	每降一级	扣 2 分
加工程序：①选择正确的原点、进刀点；②能理解各编码的含义、并正确地使用编程代码进行编程；③无明显的格式错误；④能正确地理解并编写刀具半径补偿				0～40 分
文明生产：劳动态度端正、认真、严谨,工位整洁,工、量具取放有序				0～5 分
操作技巧：操作顺序得当、熟练,反应能力强				0～5 分

11.3　实习报告

（1）填空题（2 分）

① 数控系统中常用的插补功能为 _____ 功能和 _____ 功能。

② 数控加工中 _____ 编程和 _____ 编程方法。

③ 数控铣床与加工中心最大的区别在于 _____ 和 _____。

④ X40 数控铣床常用的工件坐标系一共有 _____ 个，分别是 _____。

⑤ 当机床运行出现不正常现象时，应立即按下 _____ 按键，可立即使机床停止。

（2）选择题（2 分）

① X40 数控铣床的基本控制轴是（　　）。

A. 一轴　　　　　　　　B. 两轴　　　　　　　　C. 三轴

② 课程中实习用 X40 数控铣床结构为（　　）。

A. 立式铣床　　　　　　B. 卧式铣床　　　　　　C. 龙门铣床

③ 用于指令动作方式的准备功能的指令代码是（　　）。

A. F 代码　　　　　　　B. G 代码　　　　　　　C. T 代码

④ X40 数控铣床的默认加工平面为（　　）。

A. XY 平面　　　　　　B. YZ 平面　　　　　　C. XZ 平面

* ⑤ 加工中心的自动换刀指令是（　　）。

A. M05 Txxxx　　　　　B. M06 Txxxx　　　　　C. M08 Txxxx

* ⑥ FANUC 系统中准备功能 G83 表示循环（　　）。

A. 钻孔　　　　　　　　B. 攻螺纹　　　　　　　C. 取消固定

(3) 简答题（共16分）

① 什么是数控铣床？铣床的主要加工对象有哪些？（3分）

② 请说明 G90 X15 Y10 与 G91 X15 Y10 有什么区别？（3分）

③ 写出下列操作面板中功能键及代码的含义？（2分）

功能键	含　义
RESET	
DELETE	
COOL	
HANDLE	
PROG	
INSERT	
ALTER	
G02/G03	
G41/G42*	

④ 试解释工件坐标系、机床坐标系？（3分）

⑤ 请编写下图所示零件的加工程序，毛坯为 100mm×100mm×30mm 的铝块？（机类 2 分、非机类 5 分；非机类不用写钻孔程序）

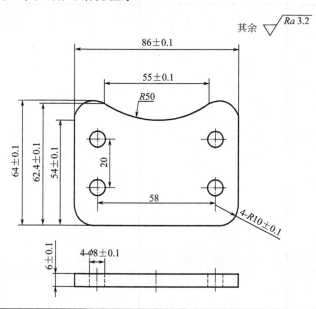

序号	操作内容	选择刀具	加工程序
1	下料装夹,选择刀具,对刀		
2	加工孔轮廓		

序号	操作内容	选择刀具	加工程序
3	加工外轮廓		
4	检验零件		可利用铣床空运行和(　　　　)功能对加工零件进行检验
5	加工零件		将模式切换到(　　　　),按动(　　　　)按钮即可

* ⑥ 请编写下图所示零件的加工程序，毛坯为 100mm×100mm×30mm 的铝块。（3 分）

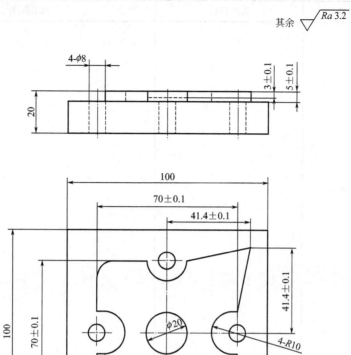

序号	操作内容	选择刀具	加工程序
1	下料装夹，选择刀具，对刀		
2	加工（　）轮廓		

续表

序号	操作内容	选择刀具	加工程序
3	加工（　　）轮廓		
4	加工外轮廓		
5	检验零件		可利用铣床空运行和（　　　　）功能对加工零件进行检验
6	加工零件		将模式切换到（　　　　），按动（　　　　）按钮即可

11.4　数控铣削与加工中心实习复习思考题

(1) 数控铣床的分类有哪些？

(2) 一般机床主轴转速范围是多少？

(3) 相对坐标系与绝对纵坐标系有什么区别，举例说明。

(4) 在圆弧插补编程中的 I、J、K 有哪几种表示方法？

(5) 数控工艺与普通工艺方法相比，有哪些特点？

(6) 什么是模态指令、非模态指令？

(7) 什么是对刀点、换刀点？

(8) 什么是刀具半径自动补偿，具有这种功能的数控系统对编程有何好处？

(9) 加工中心的自动选刀有哪些形式？各有何特点。

(10) 刀库有哪些种类？

(11) 怎么区分左刀补和右刀补？G 代码是什么？

第12章 CAXA 制造工程师

12.1 实习图纸与操作规范

12.1.1 四叶花的加工工艺

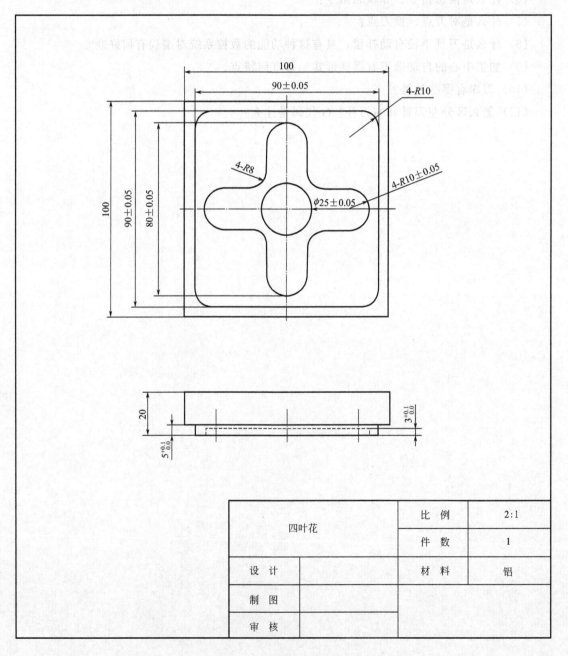

四叶花		比 例	2:1
		件 数	1
设 计		材 料	铝
制 图			
审 核			

（1）实习教学要求：熟悉 CAXA 制造工程师软件的操作页面；掌握简单的快捷方式；掌握 CAXA 制造工程师的基本曲线指令、曲线编辑、几何变换、常用的特征生成和常用的加工方法等；会利用常用的指令绘制简单的零件、生成加工轨迹，实体仿真、生成代码。

序号	操作内容	图　形
1	建立草图 0、绘制毛坯 100mm×100mm 的矩形,拉伸增料至 20mm	
2	建立草图 1,绘制 100mm×100mm 和 90mm×90mm 的矩形,拉伸除料 5mm	
3	建立草图 2,绘制四叶花型,拉伸除料 3mm	
4	建立草图 3,绘制圆形,拉伸除料 5mm	
5	设置毛坯尺寸、刀具库,绘制实体边界	
6	设置加工方法,等高线粗加工	

序号	操作内容	图　形
7	平面轮廓精加工	
8	平面精加工	
9	实体仿真	

续表

序号	操作内容	图　　形
10	生成代码	NC0007.cut - 记事本 文件(F)　编辑(E)　格式(O)　查看(V)　帮助(H) % O1200 N10 T1 M6 N12 G90 G54 G0 X-62.49 Y2.18 S1500 M03 N14 G43 H0 Z100. M07 N16 G91 N18 Z-83. N20 Z-7. N22 G1 Z-13. F800 N24 X7.386 Y-0.034 F200 N26 X1. N28 X0.668 Y0.338 N30 X0.579 Y0.478 N32 X0.965 Y1.15 N34 X0.741 Y1.305 N36 X0.178 Y0.559 N38 X0.155 Y29.916 N40 X0.205 Y1.96 N42 X0.326 Y1.445 N44 X0.469 Y1.466 N46 X0.421 Y0.979 N48 X0.296 Y3.241 N50 X0.066 Y0.747 N52 X0.284 Y0.414 N54 X1.268 Y0.811 N56 X1.136 Y0.522

（2）考核标准：从绘图方法、加工方法、生成代码等方面进行考核。

绘图方法： ①能使用曲线指令、曲线编辑指令绘制图形；②会使用简单的快捷方式；③无明显的格式错误；④能正确地加入刀具补偿	30 分
加工方法： ①能正确使用及区别等高线粗加工、平面轮廓精加工、平面精加工等加工方法；②能设置加工参数、切削用量、下刀方式、刀具等参数；③能正确地生成加工轨迹	30 分
实体仿真及代码生成	40 分
会使用实体仿真命令及生成代码	

12.2 实习报告

(1) 选择题（4 分）

① 在 CAXA 制造工程师中，改变观察方向，通过按 F5 键会显示（　　）。

A. XY 平面　　　　　　　　B. XZ 平面　　　　　　　　C. YZ 平面

② CAXA 制造工程师的平面轮廓精加工是（　　）。

A. 二轴加工　　　　　　　　B. 两轴半加工　　　　　　　C. 曲面加工

③（　　）指令是指对指定的两条曲线进行圆弧过渡、尖角过渡或对两条直线倒角。

A. 曲线过渡　　　　　　　　B. 曲线裁剪　　　　　　　　C. 曲面过渡

④ 在特征草图状态下，草图的轮廓应为（　　）。

A. 自由轮廓　　　　　　　　B. 实体轮廓　　　　　　　　C. 封闭轮廓

(2) 简答题（16 分）

① CAXA 制造工程师 XP 的用户界面由几部分组成？（3 分）

② CAXA 制造工程师为曲线绘制提供的十六项功能有哪些？（3 分）

③ CAXA 制造工程师提供的特征造型方式有哪几种？（3 分）

④ 利用 CAXA 制造工程师软件绘制下面的图形，由指导教师指定部分图形编制程序代码。（7 分）

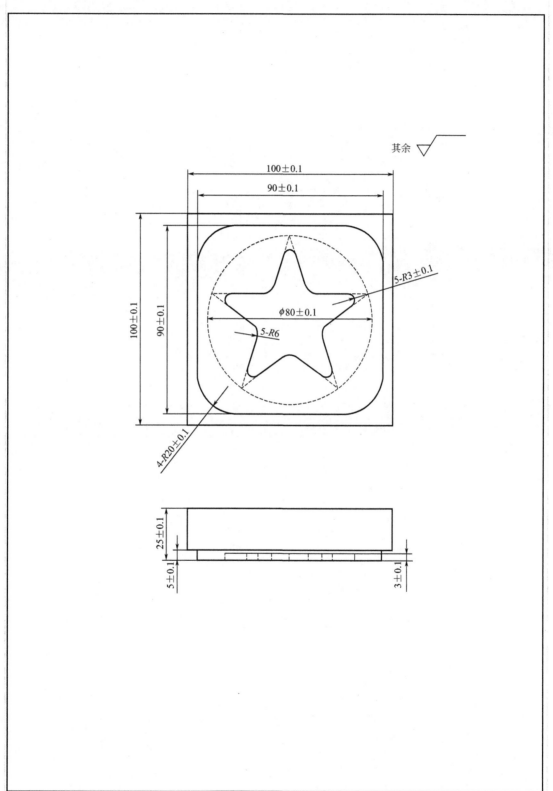

程序代码

12.3　CAXA 制造工程师实习复习思考题

（1）CAXA 制造工程师软件功能特点有哪些？

（2）生成刀具轨迹要注意的问题有哪些？

（3）简述 CAXA 制造工程师中曲面过渡的概念及种类？

（4）计算机辅助工艺规划的英文缩写是什么？

（5）简述平面轮廓精加工和平面精加工的区别是什么？

（6）怎么创建草图？怎么建立新坐标系？

第 13 章　数控线切割

13.1　数控线切割实习安全技术规则

（1）进入实训中心实习时，要穿好工作服，袖口要扎紧，衬衫要系入裤内。女同学要戴安全帽并将长发放入帽内。不得穿凉鞋、拖鞋、高跟鞋、背心、裙子和戴围巾进入车间。

（2）工作场地严禁打闹，上机床操作前严禁饮酒，如发现反常现象或身体不适（如头晕等）不能上机床操作。

（3）先开稳压电源，后开高压开关，过 5min 后，才开始加工。

（4）加工前先模拟运行加工程序，检查程序正确无误后再正式加工。

（5）在钼丝运转情况下，才可开高频电源（60～80V），停机时，先关高频电源。

（6）钼丝接触工件时，应开冷却液，不许在无冷却液情况下加工。

（7）发生故障，应立即关高频电源。

（8）严禁用手接触电极丝，不准用湿手接触开关及电器。

（9）机床发生事故后操作者要保留现场，及时向指导教师汇报，分析原因，总结经验教训。

（10）不得随意修改数控系统内部制造厂家参数。

（11）工作完后应切断电源，清扫切屑，擦净机床，在导轨面上加注润滑油，打扫现场卫生。

13.2 实习图纸与操作规范

开瓶器的数控线切割加工

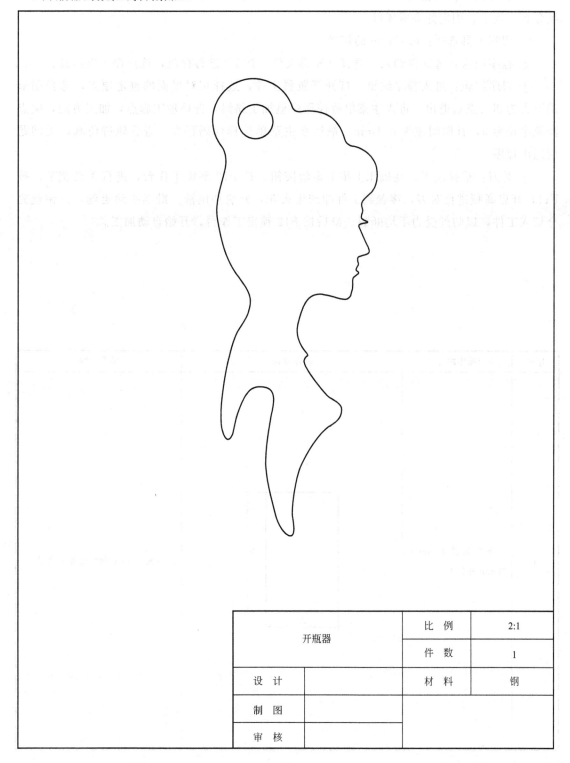

		比 例	2:1
	开瓶器	件 数	1
设 计		材 料	钢
制 图			
审 核			

（1）实习教学要求：了解数控线切割 DK77 机床；了解线切割手动编程的方法；熟悉机床启动、关闭及简单操作；掌握机床工件的装夹、机器走线及对简单工件的加工。

实践操作内容及工艺分析如下。

① 下料装夹：下板料 80mm×20mm×3mm 的钢板；将板料装夹在工作台上，根据图纸分析，找平、固定并夹紧零件。

② 切割工具选择：0.18mm 的钼丝。

③ 程序调入：选文件调入，选择开瓶器文件，按 F3 进行存盘，选择存入虚拟盘。

④ 程序编辑：进入程序编辑，打开开瓶器文件，选择相对里面的重定原点，选择图形最下方为切入点后退出；进入主菜单数控程序里加工路线，选择加工起点，加工方向，尖点圆弧半径为 0，补偿间隙为 0.1mm，最后在主菜单选择代码存盘，查看轨迹仿真，无问题后退出程序。

⑤ 对刀：选择加工，在机床上按下走丝按钮，按 F12 解锁工作台，进行手动调节，按 F11，开启高频进行对刀，接触到工件即产生火花，开启切削液，继续手动走丝，让钼丝完全切入工件，以防丝受力不均断裂。最后按 F12 锁定工作台，开始自动加工。

序号	操作内容	操作界面	操作步骤
1	下料板料 40mm×80mm 并装夹		装夹工件，要预留出加工余量

序号	操作内容	操作界面	操作步骤
2	调入程序		①文件调入选项； ②选择文件"12345"； ③F3 存盘、虚拟盘回车
3	编辑程序		①绘图编程里打开文件； ②相对里重定原点，选择一点； ③返回主页选择数控程序加工路线并选择一点，逆时针加工； ④尖点圆弧半径 R 为 0，补偿间隙为 0.1，设置完代码存盘； ⑤查看代码加工顺序号，没有问题并退出
4	对刀并加工		①选择加工♯1； ②按下钼丝运行按钮，再按 F12 解锁工作台，进行手动调节； ③按 F11，开启高频进行对刀，接触到工件即产生火花，开启切削液，继续手动走丝，让钼丝完全切入工件； ④按 F12 锁定工作台，开始自动加工

（2）考核标准：从工件质量、加工程序、文明生产及操作技巧方面进行考核。

工件质量：	50 分
加工程序：①选择正确的原点、进刀点；②能独立完成文件调入；③独立完成程序的编辑；④独立完成装夹和对刀工作	0～40 分
文明生产：劳动态度端正、认真、严谨，工位整洁，工、量具取放有序	0～5 分
操作技巧：操作顺序得当、熟练，反应能力强	0～5 分

13.3 实习报告

(1) 填空题 (2分)

① 线切割加工编程时，计数长度的单位应为_____。

② 电极丝的进给速度大于材料的蚀除速度，致使电极丝与工件接触，不能正常放电，称为_____。

③ 在电火花加工中，加到间隙两端的电压脉冲的持续时间称为_____。对于矩形波脉冲，它的值等于击穿延时时间加上_____时间。

④ 在电火花线切割加工中，为了保证理论轨迹的正确，偏移量等于_____与_____之和。

(2) 判断题 (2分)

① 利用电火花线切割机床不仅可以加工导电材料，还可以加工不导电材料。(   )

② 如果线切割单边放电间隙为0.01mm，钼丝直径为0.18mm，则加工圆孔时的电极丝补偿量为0.19mm。(   )

③ 电火花线切割加工通常采用正极性加工。(   )

④ 脉冲宽度及脉冲能量越大，则放电间隙越小。(   )

⑤ 慢走丝线切割加工中，由于电极丝不存在损耗，所以加工精度高。(   )

(3) 简答题 (共16分)

① 简述数控电火花线切割机床的加工原理。(3分)

② 电火花线切割机床有哪些常用的功能？(3分)

③ 简述在什么情况下需要加工穿丝孔？为什么？（3分）

④ 电火花线切割加工的主要工艺指标有哪些？影响表面粗糙度的主要因素有哪些？（3分）

⑤ 什么叫放电间隙？它对线切割加工的工件尺寸有何影响？通常情况下放电间隙取多大？（机类 2 分、非机类 4 分）

* ⑥ 利用编程软件,进行绘制，在导入机床并加工。（2分）

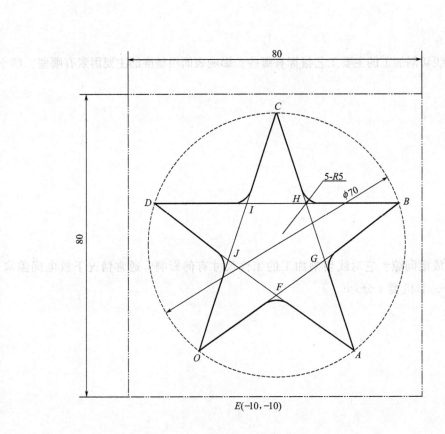

		比　例	2:1
五角星		件　数	1
设　计		材　料	钢
制　图			
审　核			

13.4　数控线切割实习复习思考题

（1）如果所加工零件含圆柱或圆锥通孔，在用本实验所提供的零件毛坯加工前应作哪些处理才能进行穿丝从而能进行加工？

（2）数控电火花快走丝线切割机中的模拟加工有什么用途？

（3）简述电火花线切割加工基本原理。

（4）简述电火花加工与电弧加工的区别。

（5）简述如何在线切割加工中避免电弧放电。

（6）简述电火花线切割加工有别于成型机的主要特点。

（7）简述电火花线切割加工的主要应用。

（8）简述 DK7732 型号各字母的主要含义。

（9）简述数控电火花线切割机床的主要机构。

（10）简述 3B 程序的基本格式及名称。

（11）简述电火花线切割加工的主要工艺指标。

参 考 文 献

[1] 孙东，刘金义．金属工艺学操作图册与实习报告．北京：中国铁道出版社，2011.

[2] 郗安民．金工实习．北京：清华大学出版社，2009.

[3] 傅水根，李双寿．机械制造实习．北京：清华大学出版社，2009.

[4] 严绍华．材料成型工艺基础．北京：清华大学出版社，2008.

[5] 夏德荣，贺锡生．金工实习．南京：东南大学出版社，1999.

[6] 柳秉毅．金工实习．北京：机械工业出版社，2005.

[7] 沈检标．金工实习．北京：机械工业出版社，2004.

[8] 庞超平，石云宝．金工实习．长春：吉林科学技术出版社，2000.

[9] 上海市金属切削技术协会．金属切削手册．上海：上海科学技术出版社，2001.

[10] 王先逵．机械制造工艺学．北京：机械工业出版社，2007.

[11] 陈培里．工程材料及热加工．北京：高等教育出版社，2007.

[12] 林琨智，孙东．金工实践教程．北京：化学工业出版社，2009.

[13] 邓文英．金属工艺学．北京：高等教育出版社，2000.

[14] 张学政，李家枢．金属工艺学．北京：高等教育出版社，2003.

[15] 严绍华，张学政．金属工艺学．北京：清华大学出版社，2006.

[16] 中国机械工业教育协会．金属工艺学．北京：机械工业出版社，2005.

[17] 王英杰．金属工艺学．北京：高等教育出版社，2001.

[18] 刘世雄．金工实习．重庆：重庆大学出版社，1996.

[19] 王瑞芳．金工实习．北京：机械工业出版社，2006.

[20] 张云新．金工实训．北京：化学工业出版社，2005.

[21] 徐永礼，田佩林．金工实训．广州：华南理工大学出版社，2006.

[22] 刘武发，刘德平．机床数控技术．北京：化学工业出版社，2007.

[23] 林建榕，王玉，蔡安江．工程训练．北京：航空工业出版社，2004.

[24] 曲晓海，朱先勇，杨洋．现代工程训练．长春：吉林科学技术出版社，2013.

[25] 洪超．金工实习．南京：南京大学出版社，2011.

[26] 王志海，舒敬萍，马晋．机械制造工程实训及创新教育．北京：清华大学出版社，2014.

[27] 刘新，崔明铎．工程训练通识教程．北京：清华大学出版社，2011.

[28] 曲晓海，朱先勇，李耕．工程训练实习报告．长春：吉林科学技术出版社，2014.

[29] 舒敬萍，尹光明．机械制造工程实训及创新教育实训报告．北京：清华大学出版社，2014.